Amira Abdel Monem
Lamia Ahmed Shihata

Avaliação do ciclo de vida Critérios de seleção de sistemas de energias renováveis

Amira Abdel Monem
Lamia Ahmed Shihata

Avaliação do ciclo de vida Critérios de seleção de sistemas de energias renováveis

Comparação económica e de qualidade

ScienciaScripts

Cover image: www.ingimage.com

This book is a translation from the original published under ISBN 978-3-330-34749-6.

Publisher:
Sciencia Scripts
is a trademark of
Dodo Books Indian Ocean Ltd. and OmniScriptum S.R.L publishing group

120 High Road, East Finchley, London, N2 9ED, United Kingdom
Str. Armeneasca 28/1, office 1, Chisinau MD-2012, Republic of Moldova, Europe
Printed at: see last page
ISBN: 978-620-8-02221-1

Índice

Agradecimentos

Gostaria de expressar a minha profunda gratidão e os meus sinceros agradecimentos à minha orientadora, a Dra. Lamia Ahmed Shihata, pelo seu apoio e ajuda contínuos no meu trabalho e pela sua orientação para a conclusão desta tese. A sua gentileza, paciência e disponibilidade tornaram o processo deste estudo muito mais fácil. Gostaria também de lhe agradecer pelos seus valiosos conselhos nos diferentes contextos deste documento e pelo seu espírito amável. Quero também agradecer às minhas colegas Catherine, Sara, Dina e aos conselheiros Dr. Mennatullah e Dr. Omar pelos seus conselhos, amizade, apoio e por criarem um ambiente de trabalho agradável durante todo o meu período de trabalho. Por último, gostaria de exprimir a minha gratidão e o meu amor sincero à minha família pelos seus cuidados contínuos, paciência, tolerância, encorajamento e apoio incondicional.

Resumo

A quantidade de energia que o mundo consome diariamente está a aumentar drasticamente devido ao aumento do nível de vida e ao crescimento constante da população mundial. Além disso, os recursos de combustíveis fósseis e de petróleo são limitados. Consequentemente, a necessidade de fontes de energia renováveis tornou-se mais urgente. As energias solar e eólica estão a tornar-se duas das principais fontes de energia, substituindo os combustíveis fósseis. A sua limpeza, abundância e respeito pelo ambiente tornaram-nas as fontes de energia renováveis mais promissoras. É por isso que é importante ter uma base de comparação para ajudar os investidores e as partes interessadas a decidir qual o sistema mais adequado às circunstâncias actuais. Um sistema solar fotovoltaico e um sistema de turbina eólica são comparados em pormenor em termos do impacto que têm no ambiente durante o seu tempo de vida, utilizando a abordagem de Avaliação do Ciclo de Vida, que examina cada material utilizado nos sistemas e o efeito que têm na natureza do berço ao túmulo. Surpreendentemente, mesmo os sistemas de energia renovável podem ter um impacto negativo no ambiente, como é o caso do sistema de turbinas eólicas abordado nesta tese. Os dois sistemas são também comparados em termos das suas estratégias de operação e manutenção e foi desenvolvido um plano de manutenção para cada sistema que ajudará a prevenir erros, falhas e danos no sistema. Por fim, o estudo económico e de eficiência foi avaliado para cada sistema, mostrando que o sistema de turbina eólica era mais caro em termos de capital e manutenção, mas o retorno do investimento era mais rápido e o lucro obtido era muito maior do que o do sistema solar fotovoltaico. Para concluir, o estudo mostra como um sistema solar fotovoltaico seria mais adequado num país com elevada poluição e uma economia instável, uma vez que custa menos do que os sistemas de turbinas eólicas e é mais amigo do ambiente.

Lista de abreviaturas

AETP	Aquatic Eco-Toxicity Potential
AP	Acidification Potential
BM	Breakdown Maintenance
BOS	Balance of System
CCG	Carbon Capturing and Storage Systems
CdTe	Cadmium Telluride
CF	Capacity Factor
CFC	Chlorofluorocarbons
CM	Corrective Maintenance
CMMS	Computerized Maintenance Management Systems
CSP	Concentrated Solar Power
EP	Eutrophication Potential
ET	Eco Toxicity
GWP	Global Warming Potential
HAWT	Horizontal Axis Wind Turbine
HTP	Human Toxicity Potential
InGaP	Indium – Gallium – Phosphide
IRR	Internal Rate of Return
LACE	Levelized Avoided Cost of Electricity
LCA	Life Cycle Assessment
LCOE	Levelized Cost of Electricity

Mc-Si	Multi-crystalline Silicon
MP	Maintenance Prevention
NER	Net Energy Ratio
NOX	Nitrogen Oxides
NPV	Net Present Value
O&M	Operation & Maintenance
ODP	Ozone Depletion Potential
PCB	Printed Circuit Board
PdM	Predictive Maintenance
PM	Preventive Maintenance
PN	Positive-Negative
POCP	Photochemical Ozone Creation Potential
PrM	Productive Maintenance
PV	Photovoltaic
RCM	Reliability Control
RPM	Revolution Per Minute
RUL	Remaining Useful Life
TETP	Terrestrial Eco-Toxicity Potential
TLCC	Total Life Cycle Cost
TLL	Total Loss Lubricant
TPM	Total Productive Maintenance
UV	Ultraviolet
VAWT	Vertical Axis Wind Turbine
VOC	Volatile Organic Compound

Capítulo 1: Introdução

A eletricidade tornou-se um dos recursos mais importantes e essenciais de que os seres humanos necessitam para sobreviver e prosperar. Devido à sua importância, quase toda a população da Terra depende dela. A eletricidade tornou-se uma prioridade, não só para satisfazer as necessidades energéticas dos países industriais, mas também para satisfazer as necessidades energéticas da crescente população mundial. O problema surge com a produção de eletricidade; a eletricidade é produzida a partir da energia primária que resulta da queima de combustíveis fósseis, como o petróleo, o carvão e o gás natural. Os combustíveis fósseis, com uma contribuição esmagadora para o abastecimento energético mundial, deverão ter reservas limitadas, ameaçando o futuro do desenvolvimento mundial se forem gastos ao ritmo atual. A queima e a utilização destes elementos provocam a libertação de vários gases tóxicos para a atmosfera, o que, por sua vez, causa poluição. De acordo com Dincer (2000), a poluição pode ser descrita como a contaminação do ar, da água e do solo pela introdução de um contaminante num ambiente natural, geralmente pelo homem, que é prejudicial aos organismos vivos. As formas mais comuns de poluição são a poluição do ar, a poluição da água, a poluição agrícola e a poluição do solo (Peters et al. 1999). As pessoas que vivem em áreas altamente poluídas têm um risco 20% maior de morrer de cancro do pulmão do que as pessoas que vivem em áreas menos poluídas. É por isso que a importância dos recursos energéticos renováveis tem vindo a aumentar e, atualmente, várias pessoas, empresas e comunidades estão a começar a introduzir formas de colher energia e de a fazer com que nunca se esgote. A utilização de energia renovável também tem enormes benefícios ambientais e financeiros. Afirma-se que a energia renovável é ultra limpa, natural e muito sustentável; mas isto não é inteiramente verdade porque, como qualquer produto, os sistemas de energia renovável têm de ser fabricados, o que leva a uma emissão de gases tóxicos. Por conseguinte, é mais importante considerar os benefícios ambientais do que os benefícios financeiros, porque a principal razão para utilizar as energias renováveis é ter uma abordagem mais sustentável e ecológica da produção de eletricidade e construir uma indústria transformadora mais ecológica.

Existem seis fontes principais de energia renovável: solar, eólica, geotérmica, biomassa, marés e hídrica (Ellabban et al. 2014). As fontes de energia renováveis, como o vento, as ondas do mar, o fluxo solar e a biomassa, permitem a produção de eletricidade e calor sem emissões. Por exemplo, a energia geotérmica é o calor do interior da terra. O calor pode ser recuperado sob a forma de vapor ou água quente e utilizado para aquecer edifícios ou gerar eletricidade. A energia solar pode ser convertida noutras formas de energia, como calor e eletricidade, e a energia eólica é utilizada principalmente para gerar eletricidade. A biomassa é um material orgânico produzido a partir de plantas e animais. A queima da biomassa não é a única forma de libertar a sua energia. A biomassa pode ser convertida noutras formas de energia utilizáveis, como o gás metano ou combustíveis para transportes, como o etanol e o biodiesel (combustíveis alternativos limpos). Cada fonte de energia tem o seu próprio risco e fiabilidade, pelo que é extremamente vantajoso para as empresas e consumidores que pretendam investir num sistema de energia renovável disporem de uma base de comparação para poderem selecionar adequadamente o sistema apropriado.

A Avaliação do Ciclo de Vida (ACV) é um dos métodos utilizados para comparar a sustentabilidade de diferentes sistemas; mede o impacte ambiental pelo qual um sistema é responsável desde o momento em que é fabricado e montado até ao momento em que o sistema está fora de serviço, avaliando todos os materiais presentes no sistema e examinando as emissões que causam durante o seu processamento e tempo de vida completo (Pehnt 2005). Também é vantajoso comparar a qualidade e a eficiência de diferentes sistemas para determinar qual é o mais adequado para determinadas circunstâncias. A qualidade de um sistema pode ser expressa através do seu fator de capacidade, intermitência, rendimento económico e outras variáveis. O Custo Nivelado de Eletricidade (LCOE) é também utilizado para comparar diferentes sistemas de energia, sendo um método numérico para avaliar o custo da eletricidade proveniente de diferentes fontes de energia renováveis (Short et al. 1995). Além disso, o fator de colheita (também conhecido como a energia devolvida pela energia investida) é também um fator importante, uma vez que descreve o rácio entre a energia produzida pelo sistema e a energia necessária para construir, operar e manter o sistema. Outro aspeto dos sistemas renováveis que é útil para comparação são as suas técnicas e preços de programação da operação e manutenção. Este aspeto será discutido mais adiante nesta tese.

1.1 - Objetivo do projeto

Este estudo tem como objetivo desenvolver uma base de comparação entre dois sistemas de energia renovável de 1MW para fornecer aos utilizadores um critério de seleção do sistema adequado. O primeiro sistema é um sistema solar fotovoltaico que recolhe a energia solar e o segundo sistema é uma turbina eólica que recolhe a energia eólica.

A energia solar é uma energia renovável bem conhecida. A conversão da energia solar com uma eficiência de apenas 10%, utilizando 1% da área terrestre disponível na Terra, permitiria satisfazer duas vezes as nossas actuais necessidades energéticas a nível mundial (Smestad 2002). As células solares são a tecnologia de base para a utilização da energia solar e os módulos fotovoltaicos (PV) são dispositivos semicondutores que convertem a energia solar diretamente em eletricidade utilizando o efeito fotovoltaico. O Efeito Fotovoltaico ocorre quando os fotões de luz excitam os electrões para um estado de energia mais elevado, permitindo-lhes agir como portadores de carga para uma corrente eléctrica. O sistema fotovoltaico que será estudado e observado nesta tese é um painel de silicone multi-cristalino de 1 KWp com uma área de superfície de $A_s = 6{,}9\ m^2$.

Por outro lado, a utilização do vento como fonte de energia começa na Europa no século XIIth . A humanidade utilizava a energia eólica para navegar em navios e moer cereais ou bombear água. Entre o final do século XIX e o início do século XX, a primeira produção de eletricidade foi realizada por moinhos de vento com 12 KW de potência (Ghenai 2007).

Os dois sistemas devem ser comparados em pormenor em termos de ACV, LCOE e outras variáveis enumeradas anteriormente. Quando a qualidade e a eficiência dos sistemas tiverem sido claramente quantificadas, outro objetivo é apresentar formas estratégicas de melhorar o sistema em termos de eficiência e minimização do impacto ambiental, bem como formas de diminuir as perdas energéticas e económicas devido a planos de manutenção e operação adequados.

1.2 - Organização da tese

Esta tese é composta por cinco capítulos. O primeiro capítulo é uma introdução ao projeto, indicando o objetivo e as linhas gerais da tese. O segundo capítulo é um capítulo informativo que inclui os conhecimentos de base de todos os aspectos abordados nesta tese e uma revisão da literatura relacionada com os mesmos. Descreve a ciência por detrás dos dois sistemas de energia renovável estudados (solar e eólica) e a investigação sobre as três principais categorias dos sistemas de energia estudados, que são: Avaliação do Ciclo de Vida (LCA), Operação e Manutenção (O&M), e eficiência e avaliação económica.

O terceiro capítulo é o capítulo produtivo, que inclui as três categorias discutidas acima aplicadas aos dois sistemas de energia usando software e matemática, e a avaliação dos seus resultados. O quarto capítulo é a apresentação resumida dos resultados de todas as secções deste estudo e uma discussão e interpretação detalhadas destes resultados. O quinto e último capítulo é a conclusão e o resumo de todos os capítulos anteriores e da tese global.

Capítulo 2: Antecedentes e revisão da literatura

Este capítulo descreve em pormenor o funcionamento de ambos os sistemas (sistema fotovoltaico e sistema de turbinas eólicas) e explica a natureza do tipo de energia que utilizam. Esta descrição é depois seguida de uma revisão do trabalho de investigação anterior sobre os três conceitos principais que serão utilizados para comparar ambos os sistemas, e que são: Avaliação do Ciclo de Vida (ACV), Operação e Manutenção (O&M), e eficiência e avaliação económica.

2.1 - Energia solar

A energia solar é a luz radiante que provém do sol. É uma das mais importantes fontes de energia renovável. A Terra recebe $1{,}74*10^{17}$ W de radiação solar na atmosfera superior. Cerca de 30% desta radiação solar é reflectida para o espaço, enquanto o resto é absorvido pelas nuvens, oceanos e massas terrestres. A energia solar total absorvida pela Terra é de aproximadamente $3{,}85*10^{24}$ J por ano. Em 2002, esta energia era maior numa hora do que a utilizada pelo mundo num ano. A quantidade de energia solar que atinge a atmosfera terrestre é tão grande que, num ano, é cerca de duas vezes superior à que alguma vez será obtida a partir de todos os recursos não renováveis da Terra, como o carvão, o petróleo, o gás natural e o urânio extraído de minas, em conjunto (Pearce 2002).

Vantagens da energia solar:

- A luz solar é constantemente renovada dia após dia.
- Uma vez gasto o custo de capital inicial da construção de uma central de energia solar, os custos de funcionamento são extremamente baixos em comparação com as tecnologias de energia existentes.
- A energia solar é uma energia limpa - os sistemas de energia solar não poluem o ar durante a fase de utilização do ciclo de vida do sistema.

- A energia solar não utilizada durante o dia pode ser armazenada num sistema de baterias ou vendida à companhia de eletricidade.
- A produção de eletricidade solar é economicamente superior quando a ligação à rede ou o transporte de combustível é difícil, dispendioso ou impossível. Os exemplos incluem satélites, comunidades insulares, locais remotos e navios oceânicos.
- A eletricidade solar ligada à rede pode ser utilizada localmente, reduzindo assim as perdas de transmissão/distribuição (as perdas de transmissão eram de aproximadamente 7,2% em 1995).

Desvantagens da energia solar:

- A recolha de energia solar depende da localização, das condições climatéricas e da hora do dia. Este facto coloca a dificuldade de a disponibilidade de energia solar poder não estar sincronizada com a procura de energia.
- O equipamento é caro. O período de retorno do investimento é de cerca de sete anos para um agregado familiar médio.
- Os painéis solares e outros colectores ocupam muito espaço.
- Os sistemas de energia solar são considerados sistemas descentralizados de produção de energia que não estão ligados à rede de distribuição centralizada principal, o que coloca desafios adicionais devido à necessidade de lidar com a entrada de energia necessária. Isto faz com que o utilizador típico passe de "consumidor" a "prosumidor" (combinação de produtor e consumidor) quando opera uma instalação fotovoltaica.

2.1.1 - O painel fotovoltaico

Os painéis de células solares são simplesmente dispositivos de junção positivo-negativo (PN), como um díodo que é polarizado para a frente com uma fototensão.

Com base nesta definição simples, é necessário rever o funcionamento da junção PN de um díodo semicondutor.

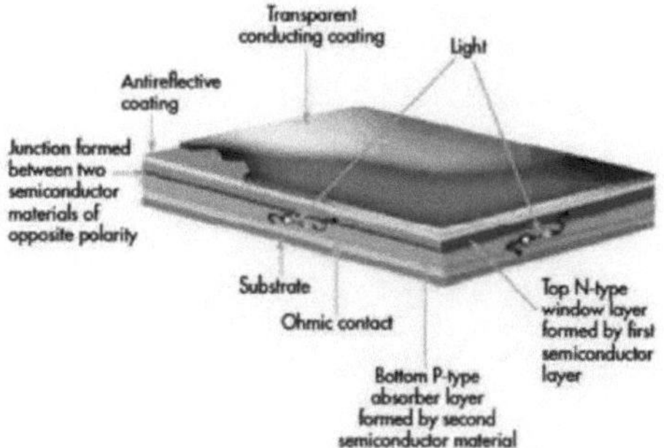

Figura 2.1: Painel fotovoltaico (Deng et al. 2007)

A figura (2.1) acima mostra a autonomia e a estrutura de um painel fotovoltaico típico, com destaque para a camada positiva e a camada negativa, que formam uma junção que transporta electrões para formar uma corrente eléctrica entre as duas camadas opostas.

2.1.2 - Processo do sistema fotovoltaico

As fases seguintes que descrevem o processo apresentado na figura (2.22) que ocorre durante o efeito fotovoltaico são descritas da seguinte forma (Hersch & Zweibel 1982): Em primeiro lugar, os fotões que estão presentes na energia solar atingem o painel solar e são absorvidos pelo silício, que é um material semicondutor. Em seguida, os electrões são excitados da sua órbita molecular ou atómica atual.

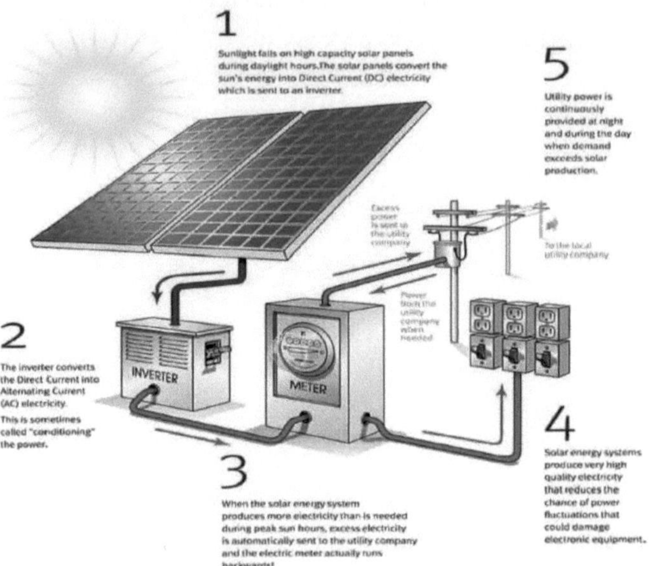

Figura 2.2: Processo de PV (Valentino 2014)

Quando um eletrão é excitado, pode dissipar a energia sob a forma de calor e regressar à sua órbita ou viajar através da célula até atingir um elétrodo. Enquanto a corrente flui através do material de silício para cancelar o potencial, a eletricidade é captada. As ligações químicas do material são extremamente importantes para que este processo funcione e, normalmente, o silício é utilizado em duas camadas, sendo uma camada dopada com boro e a outra com fósforo. Estas camadas têm cargas eléctricas químicas diferentes e, consequentemente, conduzem e orientam a corrente de electrões. Em segundo lugar, o conjunto de células solares converte a energia solar numa quantidade utilizável de eletricidade de corrente contínua (CC). Por conseguinte, a colocação de um inversor pode converter a energia em corrente alternada (CA), o que permitirá o fluxo de eletricidade através da rede eléctrica.

2.2 - Energia eólica

Uma turbina eólica é um dispositivo rotativo que extrai a energia do vento. A energia mecânica da turbina eólica é convertida em eletricidade (gerador de turbina eólica). A energia do fluxo do vento pode ser convertida em energia rotacional por uma turbina eólica de eixo horizontal (HAWT) ou uma turbina eólica de eixo vertical (VAWT). No caso da HAWT, a posição da turbina pode ser contra o vento ou a favor do vento. Para a turbina horizontal contra o vento, o vento atinge a pá da turbina antes de atingir a torre. Para a turbina horizontal a sotavento, o vento atinge primeiro a torre.

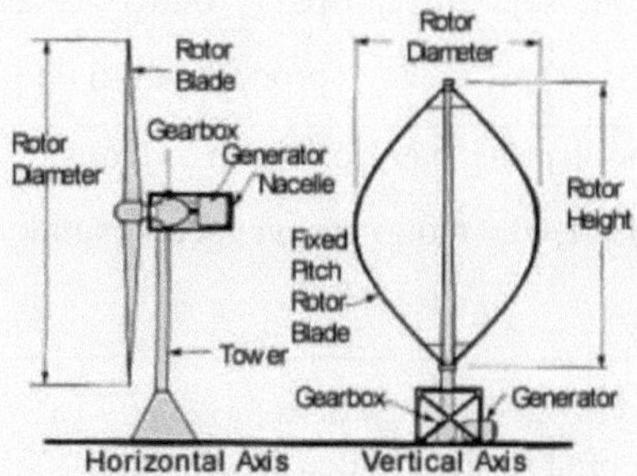

Figura 2.3: Configuração de turbinas eólicas (Associação Mundial de Energia Eólica 2014)

As vantagens e desvantagens básicas da turbina eólica **de eixo vertical** são (Echavarria et al. 2008):

Tabela 2.1: Vantagens e Desvantagens do VAWT

Vantagens	Desvantagens
O gerador e a caixa de velocidades podem ser colocados no chão.	As velocidades do vento são muito baixas perto do nível do solo, pelo que, apesar de se poder poupar uma torre, as velocidades do vento serão muito baixas na parte inferior do rotor.
Não há necessidade de uma torre.	A eficiência global da turbina eólica de eixo vertical não é impressionante.

As vantagens e desvantagens básicas da turbina eólica **de eixo horizontal** são (Echavarria et al. 2008):

Tabela 2.2: Vantagens e desvantagens da HAWT

Vantagens	**Desvantagens**
As pás estão ao lado do centro de gravidade da turbina, o que contribui para a estabilidade.	Tem dificuldades em operar perto do solo.
A turbina recolhe a quantidade máxima de energia eólica, permitindo que o ângulo de ataque seja ajustado à distância.	As torres altas e as lâminas longas são difíceis de transportar de um local para outro e necessitam de um procedimento de instalação especial.
A capacidade de inclinar as pás do rotor numa tempestade, de modo a minimizar os danos.	Podem causar problemas de navegação quando colocados ao largo.

As principais partes de uma turbina eólica são:

- **Lâminas**: ou aerofólio concebido para captar a energia do vento forte e rápido. As pás são de material leve, durável e resistente à corrosão. Os melhores materiais são os compostos de fibra de vidro e de plástico reforçado.
- **Rotor**: concebido para captar a superfície máxima do vento. O rotor gira em torno do gerador através do veio de baixa velocidade e da caixa de velocidades.
- **Caixa de velocidades**: Uma caixa de velocidades aumenta a velocidade de rotação de um rotor de baixa velocidade para um gerador de alta velocidade. A caixa de velocidades está situada diretamente entre o rotor e o gerador.
- **Gerador:** O gerador é utilizado para produzir eletricidade a partir da rotação

do rotor. Os geradores existem em vários tamanhos, consoante a potência desejada.

- **Nacelle:** A nacelle é um invólucro que veda e protege o gerador e a caixa de velocidades dos outros elementos.

2.3 - Avaliação do ciclo de vida (ACV)

A Avaliação do Ciclo de Vida é um método utilizado para analisar sistemas e determinar os seus impactes e riscos ambientais. A ACV identifica o impacte ambiental de diferentes produtos, processos e serviços e a fase-chave em que ocorrem, por exemplo: produção, utilização ou eliminação. Também avalia os sistemas desde o berço (extração de matérias-primas) até à sepultura (eliminação ou reciclagem de matérias-primas) e é relativamente abrangente na sua cobertura de problemas ambientais (Jungbluth 2005). O consumo de energia durante o ciclo de vida é frequentemente utilizado para a comparação de sistemas de produção de energia. Uma quantidade útil para expressar esta comparação é o tempo de retorno da energia, que é a quantidade de energia utilizada para a produção de um sistema dividida pela quantidade de energia produzida por ano por esse sistema (Fthenakis et al. 2006). Uma vantagem adicional do estudo do tempo de retorno da energia e dos impactes ambientais utilizando a ACV é a possibilidade de identificar os principais factores que contribuem para o consumo de energia e os impactes ambientais negativos. Estes podem, por sua vez, ser objeto de alterações tecnológicas na produção com vista à redução dos impactos ambientais. A ACV não é a única ferramenta útil para a tomada de decisões relativamente a um produto, serviço ou processo. Há também análises económicas e sociais que devem ser consideradas para ponderar todas as categorias e tomar uma decisão razoável. Talvez seja possível reduzir ao máximo o impacte ambiental de um determinado produto, serviço ou processo, mas o custo dessa redução pode ser elevado e irracional para uma instalação.

O primeiro estudo popular de ACV foi realizado pela Coca-Cola em 1969, com o objetivo de mostrar e identificar que todos os recipientes e latas contribuíam para ter um impacto no ambiente, mas com magnitudes diferentes. Ao estudar os resultados obtidos pela ACV, a Coca-Cola executou uma importante ação estratégica e começou a reciclar as latas de alumínio, reduzindo assim o impacto da escavação e tratamento de alumínio novo em comparação com o tratamento das latas usadas. A ACV da Coca-Cola teve certamente um impacto na visão da avaliação do impacte ambiental e na identificação de processos (Ghenai 2007).

Em 1990, a Sociedade de Toxicologia e Química Ambiental (SETAC) utilizou pela primeira vez o termo Avaliação do Ciclo de Vida num workshop mundial e, em 1993, a Organização Internacional de Normalização começou a trabalhar na normalização da ACV, que foi concluída em 1997 e é conhecida como Avaliação do Ciclo de Vida - Princípios e Enquadramento ISO 14040. Quase uma década depois, em 2006, foi lançado outro documento, baseado em vários documentos normalizados, que resultou na norma ISO 14044 Avaliação do Ciclo de Vida - Requisitos e Diretrizes. Estas diretrizes são vitais para a abordagem correta que as empresas devem adotar quando realizam uma ACV, a fim de obterem um estudo comparativo e fiável (Ghenai 2007).

A maioria dos estudos de ACV de PV centra-se na energia fotovoltaica de silício cristalino, que tem a maior quota de mercado de todas as tecnologias fotovoltaicas. Muitos estudos comparam várias implementações de células solares de silício cristalino, incluindo o de Alsema (2000), que foi efectuado em 2000. Um pequeno número de estudos, incluindo Tsoutsos et al. (2005), compara diferentes tecnologias solares, como a energia solar térmica, a energia fotovoltaica centralizada e os sistemas fotovoltaicos distribuídos. Entretanto, um número crescente de estudos está a avaliar os impactos ambientais de sistemas fotovoltaicos especiais, tais como os sistemas fotovoltaicos de junção multi conduzidos por Mohr et al. (2003), sistemas fotovoltaicos sensibilizados por corantes (Veltkamp e de Wild-Scholten 2006) ou sistemas fotovoltaicos concentradores (Peharz e Dimroth 2005). Além disso, em 2006, um estudo de Mason et al. (2006) centrou-se especificamente nos componentes do Balanço do Sistema (BOS), como o inversor, os suportes mecânicos e os cabos necessários para implementar um sistema fotovoltaico. Este estudo é particularmente importante porque muitos estudos examinam apenas os impactes ambientais dos painéis solares, que sofrem de uma falta de resolução, dado que os componentes BOS podem contribuir até metade dos impactes ambientais de um sistema FV instalado. Em 2007, Meijer et al. (2003) realizaram um relatório de investigação que comparou a ACV de três tipos de módulos fotovoltaicos de silício: i) módulo de silício multicristalino (mc-si) de fosforeto de índio-gálio (InGaP), ii) módulo de InGaP de película fina e iii) módulo de mc-Si normal. Os cálculos efectuados neste estudo sugerem que o impacto ambiental do processo de produção do módulo InGaP mc-Si a uma escala industrial limitada é cerca de 50% e 80% superior ao impacto ambiental do processo de produção do módulo solar mc-Si e do módulo de película fina, respetivamente, com a mesma capacidade. Um estudo efectuado por Viebahn et al. (2007) teve como objetivo comparar os sistemas de captura e armazenamento de carbono (CCG) com os sistemas de energias renováveis utilizando a ACV e a abordagem de avaliação de custos. Os resultados do estudo concluíram que os sistemas de energias renováveis têm um menor impacto no ambiente e que o custo total do seu tempo de vida é inferior ao das tecnologias CCG.

Um estudo realizado por Wang (2013) teve como objetivo desenvolver uma ACV de módulos de silicone monocristalinos instalados em telhados de edifícios. O objetivo da investigação era estimar a quantidade de dióxido de carbono libertada durante o processo de produção dos módulos versus a quantidade de dióxido de carbono evitada (poupada) pela utilização dos módulos para a produção de eletricidade durante os 25 anos de vida útil do módulo. O resultado deste estudo concluiu que, durante o processo de produção, foram libertados para a atmosfera

5,02 kg de dióxido de carbono por quilo-watt de potência. Frischknecht et al. (2015) desenvolveram uma experiência que compara módulos de silicone monocristalino com módulos de telureto de cádmio (CdTe) utilizados em sistemas fotovoltaicos, utilizando a abordagem LCA. O CdTe apresenta um efeito de maior eficiência e fiabilidade, tendo também um impacto muito menor no ambiente do que os módulos monocristalinos. O CdTe também reduziu o consumo de eletricidade em 80%, enquanto os módulos monocristalinos reduziram o consumo em apenas 60%. Muitos autores, incluindo Pacca (2007), Sherwani et al. (2009) e Raugei & Frankle (2009), analisaram e resumiram numerosos estudos de ciclo de vida de sistemas fotovoltaicos na sua literatura.

Estudos aprofundados de ACV de turbinas eólicas padrão são referidos nas literaturas de Kubiszewski et al. (2010), Lenzen & Munksgaard (2002) e Price & Kendall (2012). Um estudo realizado por Lenzen & Wachsmann (2004) centrou-se no transporte de componentes de turbinas eólicas desde o fabricante até à localização de um parque eólico específico, tendo sido demonstrado que o transporte do sistema era responsável por 25% do impacte ambiental total. Ardente et al. (2008) investigaram as emissões para a atmosfera e a água e os resíduos sólidos de um parque eólico italiano e compararam-no com outros sistemas de produção de energia. Tremeac & Meunier (2009) examinaram quatro tipos de danos (alterações climáticas, recursos, qualidade do ecossistema e saúde humana) para uma turbina eólica grande (4,5 MW) e pequena (250 kW). Além disso, Crawford (2009) comparou a ACV de dois tamanhos diferentes de turbinas eólicas. Em 2014, Haapala et al. (2014) compararam os impactes ambientais de duas turbinas eólicas de 1 MW utilizando o software SimaPro LCA. Uma diferença fundamental entre os dois modelos é a conceção da torre. O modelo 1 é uma torre modular de quatro partes, enquanto o modelo 2 utiliza um módulo de torre de três partes. Assim, o modelo 1 requer mais 35 toneladas de aço do que o modelo 2. Verifica-se que a torre, o rotor e a nacela são os que mais contribuem para o impacto ambiental em cada caso. No caso da torre, a grande quantidade de aço necessária é o principal fator que contribui para o impacto ambiental do início ao fim da vida útil. O principal resultado deste estudo é que os principais impactos ambientais do ciclo de vida de uma turbina eólica têm origem na fase de fabrico, em que o modelo 1 produziu um resultado de 1 410 000 kg de emissões de dióxido de carbono ao longo de 100 anos, enquanto o modelo 2 produziu 895 503,9 kg de dióxido de carbono. Concluiu-se também neste estudo que a fase de utilização tem um impacto ambiental quase insignificante devido às actividades de manutenção. Além disso, as distâncias de transporte dos componentes da turbina eólica para o local do parque eólico influenciaram um grande impacte ambiental. A distância de viagem do modelo 1 é superior à do modelo 2 em 16 000 km (aproximadamente 50%) e alguns componentes do modelo 1 são transportados de outros continentes. Verificou-se que a reciclagem é importante para o perfil ambiental da turbina, enquanto o tipo de transporte pode ter um efeito profundo nos impactes do ciclo de vida quando os componentes têm de percorrer distâncias relativamente maiores.

2.4 - Operação e manutenção (O&M)

Os sistemas de energia renovável estão a tornar-se cada vez mais complexos porque estão a ser sujeitos a condições meteorológicas mais severas devido ao crescente efeito do aquecimento global. Por isso, estão a ser construídos para responder às novas exigências de funcionamento e para responder aos níveis de qualidade e eficiência exigidos. A necessidade de ter sistemas com maiores níveis de qualidade e baixos custos faz com que os fabricantes comecem a desenvolver equipamentos com novas tecnologias e novas estratégias de manutenção que permitam a operação destes sistemas cada vez mais complexos para responder a esta procura crescente (Birolini 1994). Estes sistemas são compostos por vários componentes que trabalham em conjunto para cumprir a missão proposta pelo sistema. Estratégias corretas de manutenção e operação garantem que os sistemas funcionem com elevados níveis de eficiência durante um longo período de tempo, em bom estado de saúde e com um risco mínimo de falha. Isto implica ter um sistema capaz de detetar falhas, avaliar a saúde atual do sistema, prever a sua vida útil remanescente (RUL), e ser adequado para lançar acções de manutenção quando estas são realmente necessárias (Vieira & Sanz-Bobi 2014). Muitas metodologias de manutenção têm sido desenvolvidas ao longo dos últimos anos com o objetivo principal de manter o bom funcionamento de um sistema.

Alguns dos principais modelos e teorias utilizados no processamento da manutenção encontrados na literatura são os seguintes: avaliação e análise do desempenho, eficiência, eficácia, otimização, simulação, avaliação da criticidade, custo, apoio à tomada de decisões, transmissão e armazenamento de dados, processamento de sinais, monitorização da condição, diagnóstico do sistema, deteção de anomalias, diagnóstico de falhas, prognóstico do sistema, prognóstico de falhas, medição do desempenho do sistema, avaliação do desempenho da subcontratação da manutenção, índice de produtividade da manutenção, análise do custo do ciclo de vida, análise da fiabilidade, método do caminho crítico, análise da causa raiz da falha, probabilidade do número de risco e balanced scorecard (Al-Najjar et al. 2004; Arts et al. 1998; Birolini 2004; Buczkowski et al. 2005; Campbell et al. 2001; Gertler 1998; Grimmerlius et al. 1999; Huang et al. 2009; Isermann 1993, 1997, 2005; Kutucuoglu et al. 2001; Lofsten 2000; Murthy et al. 1999; Raouf et al. 1995; Swanson 2001; Venkatasubramanian et al. 2003a, b, c). Em geral, as principais funções destes modelos acrescentam valor à informação disponível para ser utilizada pelas estratégias e estruturas de manutenção apresentadas nas secções seguintes.

Tem havido uma falta geral de sinergia entre a gestão da manutenção e as estratégias de melhoria da qualidade nas organizações, juntamente com uma negligência geral da manutenção como uma estratégia competitiva (Wireman 1990). Assim, as inadequações das práticas de manutenção no passado afectaram negativamente a competitividade organizacional, reduzindo assim o rendimento e a fiabilidade dos sistemas de energias renováveis, conduzindo a uma rápida deterioração da sua fiabilidade e eficiência, diminuindo a disponibilidade do equipamento devido ao tempo de inatividade excessivo do sistema e aumentando o inventário, conduzindo assim a um desempenho de entrega pouco fiável. A manutenção é normalmente considerada como tendo uma taxa de retorno mais baixa do que qualquer outra rubrica orçamental importante (Al-Hassan et al. 2000). No entanto, a maior parte das empresas pode reduzir os custos de manutenção em, pelo menos, um terço e melhorar o nível de produtividade, se der à manutenção a prioridade de gestão de que necessita (Hammer & Champy 1993). Um estudo efectuado por Van Bussel et al. (1996) descreve uma avaliação do processo de operação e manutenção de grandes parques eólicos offshore, identificando formas de reduzir os custos relacionados com a operação e manutenção. O estudo abordou uma plataforma jack-up autopropulsora modificada que é utilizada para efetuar acções de manutenção em grandes parques eólicos que requerem gruas e grandes revisões. As plataformas elevatórias de propulsão são normalmente utilizadas para a exploração de campos petrolíferos. Três ou quatro pernas, com um comprimento típico de cerca de 100 m, são utilizadas para elevar o piso da plataforma de forma hidráulica ou eléctrica. Quando flutua, a plataforma pode propulsionar-se para um novo local onde se levanta para a posição de trabalho. As pernas da plataforma são adequadas para serem equipadas com uma grua. Essa grua pode arrastar-se ao longo de uma ou duas pernas até à posição de trabalho na altura do cubo da turbina eólica. Além disso, a plataforma pode ser utilizada como base para a equipa de manutenção, os trabalhos de manutenção e as acções de revisão. Pode também ser um local para armazenamento de stocks. Reduzindo assim o tempo de reparação de avarias ocorridas. O estudo provou, assim, que o acesso a turbinas individuais por navio em vez de helicóptero é mais económico.

Um estudo escrito por Cohen et al. em (1999) descreve os resultados de um projeto de seis anos, no valor de 6,3 milhões de dólares, para reduzir os custos de O&M em centrais eléctricas que utilizam a tecnologia de energia solar concentrada (CSP). Os custos de O&M foram reduzidos graças às melhorias introduzidas nas seguintes áreas: (a) eficiência da recolha de energia solar, (b) gestão da informação de O&M, (c) fiabilidade do hardware do circuito de fluxo do campo solar, (d) estratégia de funcionamento da central e (e) redução dos custos associados a questões ambientais. O resultado foi uma redução de 37% nos custos anuais de O&M.

2.5 - Eficiência e economia

O Custo Nivelado de Energia (LCOE) é definido como o rácio entre o valor atual líquido do capital total e dos custos operacionais de uma fonte de energia e o valor atual líquido da energia gerada durante a sua vida útil (Kost et al. 2012). É fácil demonstrar que, na avaliação da eficiência das tecnologias energéticas, o critério LCOE decorre de um critério mais geral de Valor Atual Líquido (VAL). Este último valor representa a soma de todas as receitas do projeto reduzidas ao instante de tempo inicial (Short & Packey 2000). No caso de um VAL positivo, a participação no projeto é mais preferível do que a sua rejeição; o projeto com o VAL máximo é o melhor. No entanto, o critério do VAL tem uma desvantagem: pode ser utilizado para avaliar a eficiência das variantes de investimento de capital mas não das tecnologias de produção de energia. Para avaliar a eficiência das tecnologias energéticas, é desejável excluir o efeito de escala do projeto e concentrar-se em índices específicos. Assim, nas referências (Kost et al. 2012; Short & Packey 2000; Expert Group 2010), tal como em muitos outros estudos, os investigadores utilizam o custo da energia (em particular o custo da energia eléctrica ou térmica) em vez do VAL. A fonte de energia que oferece o menor custo energético é a melhor.

À medida que a indústria das energias renováveis amadurece, a viabilidade económica de diferentes sistemas de energias renováveis é cada vez mais avaliada utilizando a geração de LCOE, a fim de ser comparada com outras tecnologias de produção de eletricidade. Infelizmente, não há clareza quanto aos pressupostos, justificações e grau de exaustividade dos cálculos do LCOE, o que produz resultados muito variáveis e contraditórios. Branker et al (2011) revêem a metodologia de cálculo correto do LCOE para painéis solares fotovoltaicos, corrigindo os equívocos dos pressupostos encontrados na literatura. O estudo também inclui um modelo que proporciona uma melhor técnica de comunicação dos resultados do LCOE para os sistemas de energia solar necessários para influenciar os mandatos políticos ou tomar decisões de investimento.

Os custos (e preços) da energia fotovoltaica são geralmente analisados e apresentados utilizando três métricas relacionadas, nomeadamente: o custo de capital do preço por watt (pico) dos módulos fotovoltaicos (normalmente expresso em $/W), o custo nivelado da eletricidade (LCOE) (normalmente expresso em $/kWh) e o conceito de "paridade da rede" (REN-21 2011). Cada uma destas métricas pode ser calculada de várias formas e depende de uma vasta gama de pressupostos que abrangem considerações técnicas, económicas, comerciais e políticas. A utilidade destas três métricas varia drasticamente de acordo com o tipo de público e o objetivo. Por exemplo, a métrica do preço por watt tem a vantagem da simplicidade e da disponibilidade dos dados, mas tem as desvantagens de os custos dos módulos não se traduzirem automaticamente em custos totais do sistema instalado, de as diferentes tecnologias terem relações diferentes entre os rendimentos diários médios e de pico, e de haver sempre a questão de saber se os custos citados são os custos subjacentes dos fabricantes ou os custos grossistas ou o preço de retalho (Schafer 2011). O LCOE e a "paridade da rede" são de especial relevância para as partes interessadas do governo, mas exigem um conjunto mais alargado de pressupostos. Estes variam muito em função da geografia e dos requisitos de retorno financeiro dos investidores, e não permitem estimativas. A viabilidade financeira dos sistemas fotovoltaicos depende das modalidades e condições de financiamento disponíveis, bem como das estimativas dos preços da eletricidade ao longo do tempo de vida do sistema e, muitas vezes, a distinção entre preços grossistas e retalhistas não é feita de forma clara.

Muitos autores continuam a notar que a energia fotovoltaica é proibitivamente cara, a menos que seja fortemente apoiada por subsídios ou preços mais elevados (Adam 2012; Yang 2010; Singh & Singh 2010; Grupo de Peritos 2010; Timilsina et al. 2012; Asplund 2008; Lomborg 2012; Neubacher 2012). Yang (2010), por exemplo, calcula sistemas fotovoltaicos com um custo nivelado de $0,49/kWh. Timilsina et al. (2012) concluem que os valores mínimos de LCOE para PV são $0,19/kWh. Este tipo de dados contrasta frequentemente com os preços apresentados em resposta a leilões de projectos solares em todo o mundo, onde os promotores licitam para fornecer energia solar ao preço mais baixo.

Foram propostas definições padrão para o método LCOE, como as da IEA (Expert Group 2005) ou do NREL (System Advisor Model (SAM) (Yang 2010) e Levelized Cost of Energy Calculator (Laird 2011)). Darling et al. (2011) sugeriram a utilização de distribuições de parâmetros de entrada em vez de números únicos para obter uma distribuição de LCOE, em vez de um número único, como forma de aumentar a transparência, reflectindo a incerteza dos custos associados aos projectos solares. Existem outros métodos mais sofisticados, como num estudo escrito por Bazilian et al. (2008), mas o LCOE persiste como uma métrica amplamente utilizada (Mints 2012).

Um estudo de Dale (2013) apresenta os resultados de uma meta-análise das avaliações do ciclo de vida dos custos energéticos de três tecnologias renováveis: solar fotovoltaica (PV), energia solar concentrada (CSP) e eólica. O documento apresenta estas conclusões como analogias energéticas com parâmetros de custos financeiros para avaliar tecnologias energéticas: custo de capital noturno, custos de funcionamento e (LCOE). Os resultados sugerem que a energia eólica tem os custos energéticos mais baixos, seguida da CSP e depois da PV. Gokcek et al. (2009) avaliaram o LCOE de vários sistemas de turbinas eólicas com diferentes potências nominais de 2,5, 5, 10, 20,

30, 50, 100 e 150 kW. Foram comparadas em termos de eficiência e de valor económico.

Um estudo realizado por Sovacool (2009) tem como objetivo provar o contrário da afirmação feita por grandes instituições de energias renováveis de que os geradores de eletricidade renovável, como a energia eólica e solar, não são fiáveis e são intermitentes a ponto de nunca serem capazes de contribuir significativamente para o fornecimento de energia eléctrica ou de fornecer energia de base. O autor realizou 62 entrevistas formais e semi-estruturadas em 45 instituições diferentes, incluindo empresas de eletricidade, agências reguladoras, grupos de interesse, fabricantes de sistemas energéticos, organizações sem fins lucrativos, empresas de consultoria energética, universidades, laboratórios nacionais e instituições estatais nos Estados Unidos. Além disso, foi efectuada uma extensa revisão da literatura de relatórios governamentais, resumos técnicos e artigos de jornais para compreender como outros países lidaram (ou não lidaram) com a natureza intermitente dos recursos renováveis em todo o mundo. Concluiu-se que a intermitência das energias renováveis pode ser prevista, gerida e atenuada, e que os actuais obstáculos técnicos se devem principalmente à inércia social, política e prática do sistema tradicional de produção de eletricidade.

2.6 - Conclusões gerais

Depois de rever várias peças anteriores de literatura sobre os conceitos desta tese, verificou-se que não há nenhum/quase nenhum projeto que tenha sido feito anteriormente que compare a ACV de quaisquer dois sistemas de energia renovável (neste caso, sistemas de energia solar e eólica). Além disso, toda a literatura encontrada sobre a avaliação do ciclo de vida centrou-se apenas num impacto ambiental chamado Potencial de Aquecimento Global (PAG), que se centra apenas nas emissões de dióxido de carbono e não noutras emissões tóxicas, como o dióxido de enxofre e os óxidos de azoto. Verificou-se que, em média, um painel fotovoltaico de 1 KW produzia 5 kg de dióxido de carbono durante a fase de produção e uma turbina eólica de 1 MW produzia 1 250 000 kg de dióxido de carbono num período de 100 anos durante a fase de processamento do material, 107 670 kg durante a fase de produção, 17 278 kg durante a fase de transporte, 11

912 kg durante a fase de utilização e 13 095 kg durante a fase de fim de vida. As comparações entre os dois sistemas em termos de O&M também não têm evidência de terem sido efectuadas anteriormente. A maior parte da literatura encontrada referia-se apenas a um único aspeto do estudo de um sistema de energia renovável. O único aspeto encontrado que comparou dois sistemas de energia foi o aspeto da eficiência e da avaliação económica, mas neste estudo a secção de avaliação económica será alterada e acrescentada com os custos de O&M relativos ao plano de O&M personalizado sugerido incluído nesta tese. Por conseguinte, esta tese está, de um modo geral, a entrar em águas desconhecidas e deve ser utilizada como referência para futuras investigações nesta área de estudo.

2.7 - Objectivos e abordagem da investigação

O primeiro objetivo principal desta investigação é desenvolver uma avaliação do ciclo de vida dos dois modelos de sistemas de energias renováveis mencionados. A Avaliação do Ciclo de Vida (ACV) investiga os impactos ambientais de sistemas ou produtos desde o berço até ao túmulo ao longo de todo o ciclo de vida, desde a exploração e fornecimento de materiais e combustíveis, à produção e funcionamento dos objectos investigados, até à sua eliminação/reciclagem. Para tal, será utilizada a norma ISO 14040, que especifica o modo como o utilizador deve modelar um sistema e escolher todos os elementos que o compõem, incluindo os materiais, a dimensão e as porções, e indicar o modo como os componentes estão relacionados entre si e como contribuem para o sistema. Em seguida, utilizando software ou fórmulas algébricas complexas, pode calcular-se a quantidade de emissões de diferentes gases provenientes dos componentes do sistema e, por conseguinte, identificar também qual o componente de maior risco em termos de causar mais danos ao ambiente, quer seja devido ao material de que é feito ou ao processo a que foi submetido na fase de produção. O modelo do sistema deve apresentar linhas de fluxo dos componentes ligados ao local onde os materiais são fabricados e onde são extraídos da natureza. Depois de conhecidos os componentes de alto risco, o estudo discutirá formas de diminuir os danos ambientais causados pelo sistema, identificando diferentes materiais alternativos que possam ser utilizados nos componentes de alto risco.

O segundo objetivo deste projeto é tentar determinar métodos para aumentar o rendimento e a eficiência do sistema através do desenvolvimento de um plano de operação e manutenção (O&M) baseado num conjunto de actividades de manutenção que têm de ser realizadas de forma programada. Cada sistema tem alguns riscos e diferentes estratégias para resolver ou diminuir o grau desses riscos. Esta questão será abordada em pormenor no capítulo 3, secção 3.2.

A partir dos resultados que serão obtidos do primeiro e segundo objectivos, a eficiência e a qualidade de cada sistema serão avaliadas e comparadas. Identificar a eficiência e a qualidade dos sistemas será o terceiro objetivo deste projeto. Existem vários aspectos dos quais a qualidade de um sistema pode depender, alguns dos quais são: LCOE, intermitência, NER, e fator de capacidade (Gielen 2012). Em primeiro lugar, o Custo Nivelado de Eletricidade (LCOE) é um método numérico para avaliar o custo da eletricidade proveniente de diferentes fontes de energia renováveis. É calculado tendo em conta todos os custos previstos para o tempo de vida de um sistema, incluindo construção, financiamento, combustível, manutenção, impostos, seguros e incentivos, que são depois divididos pela produção de energia prevista para o tempo de vida do sistema. Todas as estimativas de custos e benefícios são ajustadas em função da inflação e descontadas para ter em conta o valor temporal do dinheiro (Heptonstall 2007).

Um estudo realizado por Gwenith (2011) sobre os factores que afectam o LCOE de um sistema concluiu o seguinte:

Os factores que aumentam o LCOE são:

a) Utilização de empréstimos para adquirir e desenvolver o sistema

b) Aluguer do sistema em vez de o possuir - Outras partes estão a obter lucros

c) Manutenção inadequada

Os factores que diminuem o LCOE são:

a) Manutenção preventiva

b) Posicionamento ótimo do sistema para maximizar a produção de energia

O LCOE é usado sob a forma de uma fórmula matemática, mas tem algumas limitações que foram mencionadas pelo autor Stolzenberger (2015), 1) Ignora o efeito do tempo consumido devido ao despacho de sistemas (ficar online, offline, aumentar ou diminuir a velocidade) para atender às demandas do mercado. Para corrigir isso, todos os custos evitados para sistemas de energia não despacháveis que são avaliados neste estudo serão levados em consideração e adicionados à fórmula, modificando-a assim. 2) O LCOE ignora os riscos do projeto, tais como questões de construção, questões de preço da energia, questões de preço do combustível e disponibilidade do gerador, que afectam diretamente as despesas de uma empresa que utiliza um sistema de energia renovável. Estes riscos também serão adicionados à fórmula do LCOE em termos de novos coeficientes e restrições, o que causará uma alteração numérica no resultado final, mas considerará os riscos destes sistemas.

Outro componente que será avaliado para representar a qualidade do sistema é a eficiência, que se apresenta sob a forma do fator de capacidade do sistema, da intermitência da fonte de energia e do rácio de energia líquida (NER).

2.8 - Pressupostos e incertezas

Presume-se que os dois sistemas de energias renováveis estudados e avaliados neste estudo são capazes de funcionar adequadamente no Egito como um todo. O estudo não considera a localização exacta da cidade de cada sistema porque, devido à natureza dos sistemas estudados, não poderão funcionar na mesma cidade. O sistema de turbinas eólicas só pode funcionar nas regiões costeiras mais afastadas, como a zona do Mar Vermelho, porque essa é a única região do Egito com as velocidades de vento necessárias para o funcionamento das turbinas eólicas; todas as outras regiões têm velocidades de vento extremamente baixas que impedem o funcionamento das turbinas. O sistema solar fotovoltaico só pode funcionar na cidade do Cairo ou em Luxor, uma vez que estes são os únicos locais com a irradiação solar adequada.

Todos os preços neste estudo são escritos em termos de Dólares dos Estados Unidos (USD), uma vez que é considerada a unidade monetária internacional de preços. Isto permite que as partes interessadas de todo o mundo compreendam facilmente a gama de preços necessária para cada sistema, sem necessidade de converter de moeda para moeda.

O custo do terreno em que os sistemas são colocados não foi tido em consideração neste estudo devido à indisponibilidade e diversidade de dados e à falta de recursos suficientes de informação sobre o terreno no Egito. Além disso, o custo do terreno seria diferente para cada sistema, uma vez que não podem estar localizados na mesma cidade e porque os sistemas têm tamanhos diferentes. O sistema de energia eólica consiste em apenas 1 turbina, o que exigirá muito menos terreno do que o sistema solar fotovoltaico, que consiste em 1000 painéis.

Para o sistema solar fotovoltaico, foi escolhido o silício multi-cristalino em vez do silício mono-cristalino porque são mais simples de fabricar e são muito mais baratos. Os sistemas de dimensão comercial utilizam normalmente o silício multicristalino para poderem pagar o preço do projeto em grande quantidade, mas os sistemas de pequena dimensão residencial tendem a utilizar mais as células de silício monocristalino, uma vez que têm uma eficiência mais elevada devido à pureza e qualidade do próprio material.

A avaliação do ciclo de vida foi efectuada em ambos os sistemas estudados sem ter em conta os componentes do Balanço do Sistema (BOS), tais como as baterias (se a energia for armazenada), os suportes mecânicos e os cabos. Isto deve-se à complexidade da recolha das informações necessárias para representar com exatidão os componentes BOS, tais como os tipos de cabos utilizados, os seus comprimentos e a massa de cada material presente no cabo; o mesmo se aplica às ligações dos fios dos inversores e às estruturas de montagem, tais como tipos de parafusos, comprimento, massa, etc. Ter de considerar todos estes pequenos elementos é essencial para representar com precisão os componentes do BOS, mas devido à complexidade e à falta de dados disponíveis, esta secção não foi considerada.

Os dois sistemas de energias renováveis avaliados neste estudo pressupõem que ambos os sistemas não armazenam a energia que recolhem e, por conseguinte, não necessitam de sistemas de armazenamento de energia. Assume-se que estão diretamente ligados à rede. Assume-se que o sistema solar fotovoltaico tem um inversor que duraria toda a sua vida útil de 25 anos e que precisaria de ser substituído. Além disso, assume-se que os dois sistemas estudados não são submetidos a um processo de reciclagem quando atingem a fase de fim de vida; isto deve-se ao facto de a reciclagem ser muito difícil de modelar no software GaBi student utilizado para a ACV e de não existirem dados suficientes sobre a quantidade exacta de materiais que são reciclados para estes dois sistemas estudados em particular, pelo que quaisquer resultados obtidos estariam longe de ser exactos e não poderiam ser justificados.

Na avaliação económica dos dois sistemas de energias renováveis em análise, foi utilizada uma taxa de inflação de 2,5%. Este valor é um valor médio obtido em vários países economicamente estáveis. Este valor não representa a taxa de inflação real do Egito no ano em curso (2017) devido aos complexos danos económicos que o país está a atravessar em resultado da revolução. A taxa de inflação real no momento deste estudo é de 30,1%, o que é muito pouco provável para atrair investidores para o mercado para investir num sistema de energia renovável. Por conseguinte, embora se trate de uma incerteza, assume-se que o Egito é economicamente estável no momento atual para garantir que uma representação precisa do valor económico de um projeto é dada numa circunstância presumivelmente estável, e não numa circunstância de instabilidade e taxas de inflação extremamente elevadas.

Capítulo 3: Materiais e métodos

Este capítulo está dividido em quatro subsecções principais (3.1, 3.2 e 3.3). Respetivamente, a primeira sub-secção é sobre a avaliação da ACV dos dois principais sistemas de energias renováveis discutidos, a segunda sub-secção é sobre operação e manutenção, e a terceira é sobre eficiência e avaliação económica.

3.1 - Avaliação do ciclo de vida

Esta secção do Capítulo 3 começará por descrever as principais caraterísticas de uma ACV e enumerará as definições que estarão presentes em toda a literatura (obtidas das normas ISO 14040 e ISO 14044). Na secção 3.1.2 são apresentados diferentes tipos de impactos ambientais que incluem o limite seguro de impactos ambientais negativos permitido por um sistema que é definido como padrão por organizações científicas ou instituições governamentais. O esquema de ACV de um sistema solar fotovoltaico e de um sistema de turbina eólica é apresentado e avaliado com o software especificado neste estudo. Os resultados de cada sistema são apresentados primeiro e, em seguida, cada resultado é apresentado com os dois sistemas adjacentes um ao outro para comparação. As limitações descobertas da metodologia de ACV são depois enumeradas na última subsecção 3.1.6.

3.1.1 - Caraterísticas principais

Qualquer sistema ou produto consiste nas seguintes fases: Conceção do produto, aquisição de matérias-primas, processamento de materiais, fabrico do produto, distribuição do produto, utilização do produto e reciclagem/eliminação do produto (Williams 2009).

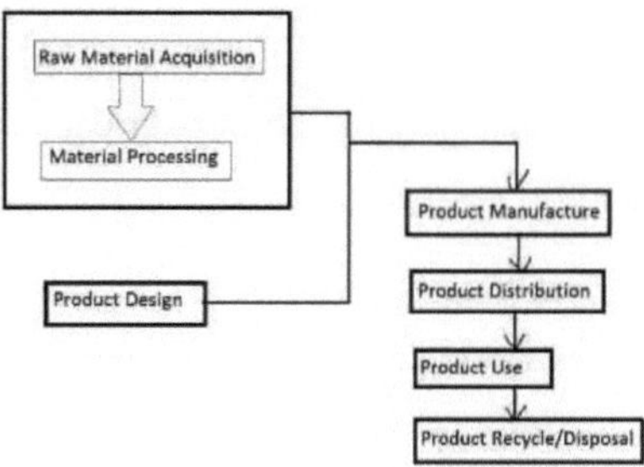

Figura 3.1: Fases dos produtos e sistemas

Conceção do produto: Esta fase está significativamente associada a uma estrutura relacionada com a conceção de engenharia, para aumentar a funcionalidade e a facilidade de utilização de um produto.

Aquisição de matérias-primas: Esta fase da ACV centra-se principalmente na aquisição de recursos e materiais brutos que são considerados necessários para que um produto seja fabricado com êxito. A identificação prévia das matérias-primas ajudaria a determinar efetivamente as fases de produção significativamente associadas aos resíduos como co-produto.

Processamento de materiais: Envolve frequentemente um conjunto de tarefas interdependentes associadas à transformação de entradas em saídas efectuadas por pessoas ou máquinas.

Fabrico de produtos: Associado ao fabrico de um produto tangível pré-definido com base na fase de conceção do produto, utilizando as matérias-primas adquiridas com a ajuda de ferramentas, mão de obra e máquinas.

Distribuição de produtos: Logística utilizada para disponibilizar o produto para utilização.

Utilização e eliminação do produto: Esta fase está normalmente relacionada com os materiais associados à atividade humana no que diz respeito à utilização e eliminação de um produto. A incorporação de técnicas eficazes para a eliminação de um produto ajudaria a identificar e a reduzir a pegada ambiental de um produto.

Uma ACV eficaz permite aos analistas

- Calcular o impacto ambiental de um produto.
- Identificar o impacto ambiental positivo ou negativo de um processo ou

produto.

- Encontrar oportunidades para melhorar os processos e os produtos.
- Comparar e analisar vários processos com base nos seus impactos ambientais.
- Justificar quantitativamente uma alteração num processo ou produto.

O método LCA fornece aos investigadores ou às empresas dados quantitativos sobre os seus produtos actuais. Ao analisar a vida de um produto desde a extração da matéria-prima até à sua eliminação, é possível analisar o impacto ambiental de cada processo e material. A ACV permite que os analistas determinem e analisem os aspectos tecnológicos, económicos, ambientais e sociais de um produto ou processo necessários para gerir o ciclo de vida completo. Com estes dados quantitativos, as alterações desejadas podem ser justificadas em relação ao custo e aos impactes ambientais de um produto ou processo.

De acordo com a norma ISO relativa à ACV, as quatro fases principais de uma ACV são o objetivo e o âmbito, a análise do inventário, a avaliação do impacto e a interpretação.

Objetivo: Ajuda a identificar a aplicação e o público-alvo pretendidos para um produto. **Âmbito:** Ajuda a identificar e definir o limite do sistema e as unidades funcionais de um produto.

Análise de inventário: A análise LCA ajuda a identificar as entradas (matérias-primas, energia e água, etc.) e saídas (produto, co-produto, resíduos e poluição) necessárias para um processo identificado.

Avaliação do impacto: Ajuda a compreender os impactos dos dados da análise de inventário (por exemplo, impacto do aquecimento global, esgotamento de recursos, resíduos sólidos e eutrofização)

Interpretação: Ajuda a garantir a coerência do objetivo e do âmbito de um produto. Além disso, o feedback obtido ajudaria a identificar as oportunidades de possíveis melhorias no ciclo de vida.

3.1.2 - Impacto ambiental

Uma ACV realizada, uma vez produzida, deve produzir uma série de gráficos que apresentem cada material e processo de um produto ou sistema e a contribuição de cada item para o impacte ambiental. Segue-se uma lista dos diferentes impactes ambientais que ocorrem nos produtos ou sistemas ao longo de todo o seu ciclo de vida e a respectiva explicação pormenorizada.

Potencial de Aquecimento Global (GWP): A radiação de ondas curtas do sol que ocorre entra em contacto com a superfície da Terra e é parcialmente absorvida (levando a um aquecimento direto) e parcialmente reflectida como radiação infravermelha. A parte reflectida é absorvida pelos gases com efeito de estufa na troposfera e é irradiada em todas as direcções, incluindo de volta para a Terra. Isto resulta num efeito de aquecimento à superfície da Terra. Para além do mecanismo natural, o efeito de estufa é reforçado pelas actividades humanas. Os gases com efeito de estufa considerados perigosos são o dióxido de carbono, o metano e os CFC. Uma análise do efeito de estufa deve ter em conta os possíveis efeitos globais a longo prazo. O potencial de aquecimento global é calculado em equivalentes de dióxido de carbono. Uma vez que o tempo de permanência dos gases na atmosfera é incorporado no cálculo, deve também ser especificado um intervalo de tempo para a avaliação (Hansen et al. 2013). É habitual um período de 100 anos. O fator equivalente GWP para o metano é: 1 kg de metano (CH_4) = 25 kg CO_2- eq, e para o dióxido de azoto: 1 kg (NO_2) = 298 kg CO_2-eq (Hansen et al. 2013).

Potencial de destruição do ozono (ODP): O ozono é criado na estratosfera pela dissociação dos átomos de oxigénio que são expostos à luz UV de ondas curtas. Isto leva à formação da camada de ozono na estratosfera (15 - 50 km de altura). Cerca de 10% deste ozono atinge a troposfera através de processos de mistura. Apesar da sua concentração mínima, a camada de ozono é essencial para a vida na Terra. O ozono absorve a radiação UV de ondas curtas e liberta-a em comprimentos de onda mais longos. Por conseguinte, apenas uma pequena parte da radiação UV atinge a Terra. As emissões antropogénicas empobrecem o ozono. Este facto é bem conhecido através de relatórios sobre o buraco na camada de ozono. O buraco está atualmente confinado à região acima da Antárctida. As substâncias que têm um efeito de empobrecimento do ozono podem ser essencialmente divididas em dois grupos: os hidrocarbonetos fluorados-clorados (CFC) e os óxidos de azoto (NOX). Um dos efeitos da destruição do ozono é o aquecimento da superfície terrestre. A sensibilidade dos seres humanos, dos animais e das plantas à radiação UV é de particular importância. Os efeitos possíveis são alterações no crescimento ou uma diminuição das colheitas (perturbação da fotossíntese), indícios de tumores (cancro da pele e doenças oculares) e diminuição do plâncton marinho, o que afectaria fortemente a cadeia alimentar. No cálculo do potencial de destruição do ozono, os hidrocarbonetos halogenados libertados antropogenicamente, que podem destruir muitas moléculas de ozono, são registados em primeiro lugar. O potencial de destruição do ozono (ODP) resulta do cálculo do potencial de diferentes substâncias relevantes para o ozono (Forster & Thompson 2011).

Formação fotoquímica do ozono (POCP): Apesar de desempenhar um papel protetor na estratosfera, ao nível do solo o ozono é classificado como um gás vestigial nocivo. A produção fotoquímica de ozono na troposfera, também conhecida como smog de verão, é suspeita de danificar a vegetação e os materiais. Concentrações elevadas de ozono são tóxicas para os seres humanos. A radiação do sol e a presença de óxidos de azoto e hidrocarbonetos provocam reacções químicas complexas, produzindo produtos de reação agressivos, um dos quais é o ozono. Os óxidos de azoto, por si só, não causam concentrações elevadas de ozono. As emissões de hidrocarbonetos resultam de uma combustão incompleta, em conjunto com a gasolina (armazenamento, rotação, reabastecimento, etc.) ou de solventes. As concentrações elevadas de ozono surgem quando a temperatura é elevada, a humidade é baixa, quando o ar é relativamente estático e quando existem concentrações elevadas de hidrocarbonetos. As concentrações mais elevadas de ozono surgem mais frequentemente em zonas de ar limpo, como as florestas, onde há menos NO e CO. Nas avaliações do ciclo de vida, o potencial de criação fotoquímica de ozono (POCP) é referido em equivalentes de etileno (Haagen-Smit & Fox 2012). As unidades utilizadas para a formação fotoquímica de ozono são em COV, que é a abreviatura de Compostos Orgânicos Voláteis. O valor-limite (110 kg, COV-eq) estabelecido para a proteção da saúde humana, da vegetação e dos ecossistemas é excedido frequentemente na maioria dos países (Joseph 1998).

Toxicidade humana e ecológica: O método de avaliação do impacto do potencial de toxicidade está ainda em fase de desenvolvimento. A avaliação do potencial de toxicidade humana (HTP) tem por objetivo estimar o impacto negativo, por exemplo, de um processo nos seres humanos. O potencial de eco-toxicidade tem por objetivo delinear os efeitos prejudiciais num ecossistema. Este é diferenciado em Potencial de Ecotoxicidade Terrestre (TETP) e Potencial de Ecotoxicidade Aquática (AETP). Em geral, distingue-se entre toxicidade aguda, sub-aguda/sub-crónica e crónica, definida pela duração e frequência do impacto. A toxicidade de uma substância baseia-se em vários parâmetros. No âmbito da análise do ciclo de vida, estes efeitos não serão mapeados a um nível tão pormenorizado. Por conseguinte, a toxicidade potencial de uma substância, baseada na sua composição química, propriedades físicas, fonte pontual de emissão e no seu comportamento e localização, é caracterizada de acordo com a sua libertação para o ambiente. As substâncias nocivas podem propagar-se para a atmosfera, para as massas de água ou para o solo. Por conseguinte, são determinados os potenciais contribuintes para cargas tóxicas importantes. A identificação do potencial de toxicidade é afetada por incertezas porque os impactos das substâncias individuais são extremamente dependentes dos tempos de exposição e os vários efeitos potenciais são agregados. De acordo com o Programa das Nações Unidas para o Ambiente (PNUA), o fator de caraterização recomendado para a toxicidade humana deve situar-se entre os intervalos de (100 - 1.000 UTC) (Unidade Tóxica Comparativa) e para a ecotoxicidade (10 - 100 UTC) (Rosenbaum et al. 2008).

Potencial de acidificação (PA): A acidificação dos solos e das águas ocorre predominantemente através da transformação dos poluentes atmosféricos em ácidos. Isto leva a uma diminuição do valor do pH da água da chuva e do nevoeiro de 5,6 para 4 ou menos. O dióxido de enxofre e o óxido de azoto e os respectivos ácidos produzem contribuições relevantes. Isto prejudica os ecossistemas, sendo o impacto mais conhecido o declínio das florestas. A acidificação tem efeitos nocivos diretos e indirectos (como a lavagem de nutrientes dos solos ou o aumento da solubilidade dos metais nos solos). Mas também os edifícios e os materiais de construção podem ser danificados. Exemplos disso são os metais e as pedras naturais, que são corroídos ou desintegrados a um ritmo mais acelerado. Ao analisar a acidificação, deve ter-se em conta que, embora se trate de um problema global, os efeitos regionais da acidificação podem variar. O potencial de acidificação é dado em equivalentes de dióxido de enxofre. O potencial de acidificação é descrito como a capacidade de certas substâncias para criar e libertar iões H^+ -. Os factores equivalentes para o amoníaco gasoso são 1 kg de amoníaco (NH_3) = 1,88 kg de SO2 (Eleonore 2010). De acordo com um estudo efectuado por Huijbregts (1999), o limiar máximo recomendado para um limite seguro do potencial de acidificação é de 850 H .

Potencial de Eutrofização (PE): A eutrofização é o enriquecimento de nutrientes num determinado local ou ponto de acesso. A eutrofização pode ser aquática ou terrestre. Os poluentes atmosféricos, as águas residuais e a fertilização na agricultura contribuem todos para a eutrofização. O resultado na água é um crescimento acelerado de algas, o que, por sua vez, impede que a luz solar chegue às profundezas mais baixas do fundo do oceano. Isto leva a uma diminuição da fotossíntese e a uma menor produção de oxigénio. Além disso, o oxigénio é necessário para a decomposição das algas mortas. Ambos os efeitos provocam uma diminuição da concentração de oxigénio na água, o que pode levar à morte dos peixes e à decomposição anaeróbia (decomposição sem a presença de oxigénio). São assim produzidos sulfureto de hidrogénio e metano. Isto pode levar, entre outras coisas, à destruição do ecossistema. Em solos eutrofizados, observa-se frequentemente uma maior suscetibilidade das plantas a doenças e pragas, bem como uma degradação da estabilidade das plantas. Se o nível de nitrificação exceder as quantidades de azoto necessárias para uma colheita máxima, pode levar a um enriquecimento de nitratos. Este facto pode provocar, através da lixiviação, um aumento do teor de nitratos nas águas subterrâneas. O nitrato também acaba na água potável. O nitrato em níveis baixos é inofensivo do ponto de vista toxicológico. No entanto, o nitrito, um produto de reação do nitrato, é tóxico para os seres humanos (Carpenter et al. 2007). O potencial de eutrofização é calculado em equivalentes de nitrato (NO3-eq), que são: 1 kg de amónia (NH3) = 3,64 kg de NO3-eq, e 1 kg de fosfato = 10,45 kg de NO3-eq. De acordo com uma revista científica publicada por Hellstrom et al (Hellstrom et al. 2003), o potencial de eutrofização máximo admissível (e seguro) é de 80 moles de NO3-eq.

Esgotamento de recursos abióticos (ARD): O potencial de esgotamento abiótico abrange todos os recursos naturais (incluindo os vectores de energia fóssil), como os minérios que contêm metais, o petróleo bruto e as matérias-primas minerais. Os recursos abióticos incluem todas as matérias-primas de recursos não vivos que não são renováveis. Esta categoria de impacte descreve a redução da quantidade global de matérias-primas não renováveis. Não renovável significa um período de tempo de pelo menos 500 anos. Esta categoria de impacte abrange uma avaliação da disponibilidade de elementos naturais em geral, bem como a disponibilidade de fontes de energia fósseis. A substância de referência para os factores de caraterização é o antimónio (Oers & Guinee 2016).

3.1.3 - Normas internacionais de ACV

A norma ISO 14040 foi desenvolvida para normalizar a metodologia de uma

ACV. Nesta documentação ISO, afirma-se que, para que uma ACV seja bem sucedida, deve ter as seguintes **caraterísticas-chave**

1. Os estudos de ACV devem abordar de forma sistemática e adequada os aspectos ambientais dos sistemas de produtos, desde a aquisição de matérias-primas até à eliminação final.
2. A profundidade dos pormenores e o período de tempo de um estudo de ACV podem variar em grande medida, dependendo da definição do objetivo e do âmbito.
3. O âmbito, os pressupostos, a descrição da qualidade dos dados, as metodologias e os resultados dos estudos de ACV devem ser transparentes. Os estudos de ACV devem discutir e documentar as fontes de dados e ser comunicados de forma clara e adequada.
4. Devem ser adoptadas disposições, em função da aplicação prevista do estudo de ACV, para respeitar a confidencialidade e as questões de propriedade.
5. A metodologia da ACV deve ser suscetível de incluir novas descobertas científicas e melhorias no estado da arte da tecnologia.
6. São aplicados requisitos específicos aos estudos de ACV que são utilizados para fazer uma afirmação comparativa que é divulgada ao público.

A norma ISO inclui também definições importantes que serão utilizadas repetidamente ao longo desta tese.

- **Afetação:** repartição dos fluxos de entrada ou de saída de um processo unitário para o sistema de produtos em estudo.
- **Afirmação comparativa:** alegação ambiental relativa à superioridade ou equivalência de um produto em relação a um produto concorrente que desempenha a mesma função.
- **Fluxo elementar:** (1) material ou energia que entra no sistema em estudo, que foi retirado do ambiente sem transformação humana prévia a partir do

(2) material ou energia que sai do sistema em estudo, que é descartado no ambiente sem transformação humana posterior.

- **Aspeto ambiental:** elemento das actividades, produtos ou serviços de uma organização que pode interagir com o ambiente.
- **Unidade funcional:** desempenho quantificado de um sistema de produto para utilização como unidade de referência num estudo de avaliação do ciclo de vida.
- **Entrada:** material ou energia que entra num processo unitário.
- **Parte interessada:** indivíduo ou grupo interessado ou afetado pelo desempenho ambiental de um sistema de produto ou pelos resultados da avaliação do ciclo de vida.
- **Ciclo de vida:** etapas consecutivas e interligadas de um sistema de produto, desde a aquisição de matérias-primas ou geração de recursos naturais até a disposição final.
- **Avaliação do ciclo de vida:** compilação e avaliação das entradas e saídas e dos potenciais impactos ambientais de um sistema de produtos ao longo do seu ciclo de vida.
- **Avaliação do impacto do ciclo de vida:** fase da avaliação do ciclo de vida destinada a compreender e a avaliar a magnitude e a importância dos potenciais impactos ambientais de um sistema de produtos.
- **Interpretação do ciclo de vida:** fase da avaliação do ciclo de vida em que os resultados da análise do inventário ou da avaliação do impacto, ou de ambas, são combinados de acordo com o objetivo e o âmbito definidos, a fim de se chegar a conclusões e recomendações.
- **Análise do inventário do** ciclo **de vida:** fase da avaliação do ciclo de vida que envolve a compilação e quantificação de entradas e saídas, para um determinado sistema de produtos ao longo do seu ciclo de vida.
- **Saída:** material ou energia que sai de um processo unitário.
- **Praticante:** indivíduo ou grupo que efectua uma avaliação do ciclo de vida.
- **Sistema de produto:** conjunto de processos unitários ligados material e

energeticamente que desempenham uma ou mais funções definidas.

- **Matéria-prima:** material primário ou secundário que é utilizado para produzir um produto.
- **Fronteira do sistema:** interface entre um sistema de produto e o ambiente ou outros sistemas de produto.
- **Transparência:** aberta, abrangente e compreensível apresentação de informações.
- **Unidade de processo:** a parte mais pequena de um sistema de produto para a qual são recolhidos dados aquando da realização de uma avaliação do ciclo de vida.
- **Resíduos:** qualquer saída do sistema de produtos que é eliminada.

3.1.4 - Software

De acordo com Menke e Davis (1996), existem vários pacotes de software que são utilizados para desenvolver uma ACV completa, alguns destes pacotes são:

- GaBi: PE Europe GmbH & IKP Universidade de Estugarda, Alemanha (http://www.gabi-software.com/)
- LCAit: CIT Ekologik, Suécia (http://www.lcait.com/)
- KCL-ECO: KCL, Finlândia (http://www.kcl.fi/eco/)
- PEMS: PIRA, REINO UNIDO (http://www.pira.co.uk/pack/lca_software.htm)
- EQUIPA: Ecobilan/PricewaterhouseCoopers, França (http://www.ecobilan.com/uk_team.php)
- Umberto: ifu Hamburgo, Alemanha (http://www.umberto.de/en/home/)
- Modelo Boustead: Boustead Consulting Ltd, Reino Unido (http://www.boustead-consulting. co.uk/)
- SimaPro: PRe Consultants, Países Baixos (http://www.pre.nl)

Para este projeto, o GaBi será utilizado para criar a ACV do sistema solar fotovoltaico e do sistema de turbinas eólicas.

- GaBi é a sigla de "Ganzheitliche Bilanz", que em alemão significa Equilíbrio holístico.
- O GaBi é uma ferramenta de software utilizada para criar uma análise do ciclo de vida normalizada com base na série ISO 14040.
- Suporta a gestão de grandes volumes de dados para modelar o ciclo de vida do produto.
- Ajuda a calcular diferentes tipos de balanços e a analisar/interpretar os resultados.
- O software GaBi é um sistema modular que inclui planos, processos e fluxos.
- O GaBi facilita ao utilizador a modularidade das fases individuais do ciclo de vida, como o fabrico, a utilização e a eliminação, que podem ser agrupadas em categorias e processadas individualmente.

Este software funciona num computador portátil Microsoft Surface Pro 4, que utiliza o Windows 10. O processador é o CPU Intel® Core™ i5 a 2,5 GHz. Tem uma RAM instalada de 8,00 GB e o sistema é executado num sistema operativo de 64 bits, processador baseado em x64.

3.1.5 - A abordagem proposta

A abordagem proposta para o sistema solar fotovoltaico e para o sistema de turbinas eólicas consiste na mesma sequência. Os parâmetros e os limites de cada sistema são primeiro descritos na secção de objectivos e âmbito. Em seguida, os materiais e as suas massas utilizados em cada sistema são listados nas secções de análise de inventário, juntamente com todas as entradas e saídas de cada fase durante o tempo de vida do sistema. Os resultados de ambos os sistemas são definidos para um período de tempo de 100 anos e são depois apresentados em gráficos na secção de avaliação do impacto. A última secção, designada por interpretação, apresenta as conclusões de cada sistema.

Os dois sistemas são analisados num período de 100 anos, em vez do número de anos de vida de cada sistema, porque as alterações climáticas são implicitamente consideradas como um problema dos próximos 100 anos (3 a 4 gerações). A remoção a longo prazo do CO_2 da atmosfera e o seu armazenamento em bens de longa duração são, por isso, politicamente promovidos. A dificuldade reside no facto de os impactos ambientais estarem relacionados com o efeito após a emissão, ou seja, conta-se o impacto das alterações climáticas das emissões que ocorrem atualmente e que são exercidas nos próximos 100 anos.

3.1.5.1 - Sistema solar fotovoltaico

Objetivo

O objetivo deste estudo é determinar o impacto ambiental de um sistema solar fotovoltaico ao longo de um período de 100 anos, constituído por 1000 painéis solares, cada um com uma potência de 1 KWp, uma área de superfície de 6,9m^2 e um peso de 16 kg. A razão para a realização desta ACV é sensibilizar e informar as empresas, os consumidores e os governos sobre as fases da cadeia do berço ao túmulo do sistema estudado que têm um impacto ambiental significativo e servir de base para o planeamento estratégico com vista a reduzir o impacto ambiental, tornando os processos mais eficazes e procurando fornecedores e processos alternativos. Esta ACV também será efectuada em paralelo com outra ACV de um sistema de turbinas eólicas, a fim de desenvolver uma base de comparação entre os dois sistemas. Este estudo baseia-se igualmente nas regras e regulamentos mencionados nas duas normas ISO 14 040 e ISO 14 044.

Âmbito de aplicação

Este sistema solar fotovoltaico é composto por um painel solar, uma caixa, fios, conectores e um inversor. O painel solar em estudo é desenvolvido pela ELECSSOL e tem uma eficiência de 14,5%. É constituído por módulos de silicone multi-cristalinos. A eficiência do inversor é de 93,5% e tem um tempo de vida de 25 anos. A Figura (3.2) mostra um diagrama que representa os limites do sistema.

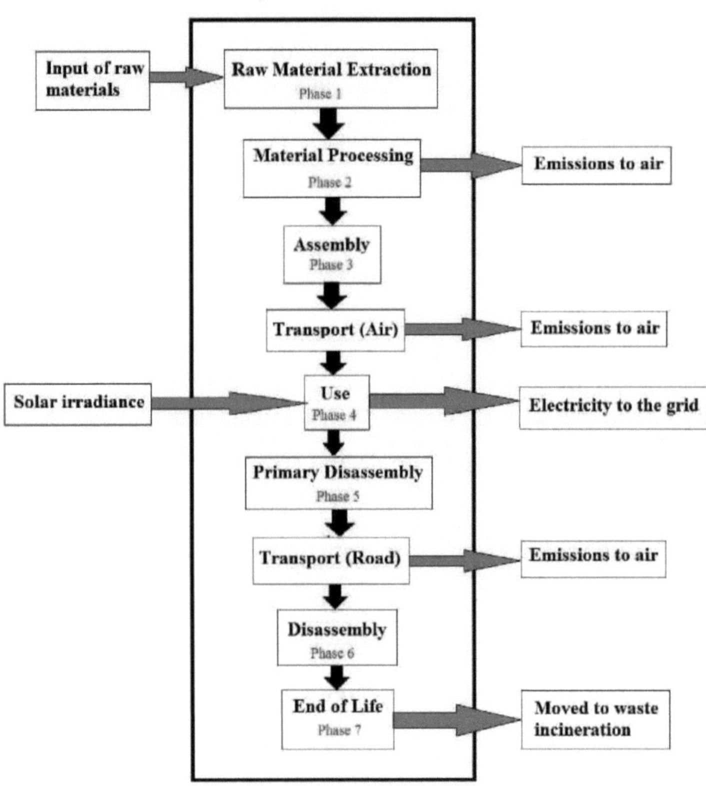

Figura 3.2: Limite do sistema fotovoltaico

Embora 95% dos materiais presentes no sistema fotovoltaico possam ser reciclados (o que faz com que o processo de fabrico de um novo sistema fotovoltaico a partir de materiais reciclados necessite apenas de 30% da energia de quando é fabricado a partir de matérias-primas) (Robert 2013), a figura (3.2) acima não inclui um processo de reciclagem na fronteira do sistema fotovoltaico devido à falta de dados suficientes sobre a quantidade de cada material que pode ser reciclado e à indisponibilidade de dados sobre perdas e emissões (consulte a secção 2.8).

Análise de inventário

O painel solar fotovoltaico em estudo é fabricado com os seguintes materiais e recursos (Pacca et al. 2007) apresentados na tabela (3.1). Os materiais listados na tabela são apenas para um painel solar, pelo que na simulação do software foi definido um fator de escala de 1000.

Tabela 3.1: Materiais do painel fotovoltaico de 1 KWp (A_s = 6,9 m)[2]

Material	Massa (kg)
Acrilonitrilo Butadieno Estireno	0.01
Alumínio	4.1
Árgon	11
Cobre	0.29
Resina epoxídica	0.096
Vidro	86
Carvão mineral	15
Hidrogénio	4.9
Cloreto de hidrogénio	17
Fluoreto de hidrogénio	0.52
Óleo combustível leve	3.2
Nafta	6
Nitrogénio	0.7
Oxigénio	0.44

Gasolina Coca-Cola	15
Policarbonato	5.8
Polietileno	0.5
Polipropileno	0.023
Policloreto de vinilo	2.91
Areia de Quartzo	64
Lã de rocha	1.1
Hidróxido de sódio	6.1
Aço	12.2
Total	**257**

A tabela (3.1) enumera os materiais presentes no sistema, incluindo a célula solar, o invólucro e a estrutura do painel solar, os materiais do inversor e a placa de circuito impresso (PCB). Outros componentes presentes no sistema, como as estruturas de fundação e os cabos, não foram considerados nesta ACV devido à falta de dados suficientes sobre a quantidade de materiais utilizados para estes itens por painel (consulte a secção 2.8). O efeito da manutenção e da limpeza também não é tido em conta na ACV, uma vez que os seus efeitos no ambiente são considerados negligenciáveis neste estudo. O sistema é composto por sete processos principais, cada um dos quais com diferentes fluxos de entrada e saída, representados na tabela (3.2) abaixo.

Tabela 3.2: Fases do sistema fotovoltaico

Fase/Processo	Fluxo de entrada	Fluxo de saída
1. Aquisição de matérias-primas	Materiais (23 itens)	Materiais para a fase de produção (257 kg)
2. Fase de processamento do material	Materiais para a fase de produção (257 kg)	Peças de montagem (4 peças) *(4 peças são: célula solar, caixa,

	Eletricidade (1.400 MJ)	placa de circuito e inversor)*.
3. Fase de montagem *(a produção desta fase é multiplicada por 1.000 desde São necessários 1.000 painéis fotovoltaicos para produzir 1 MW)*	Peças de montagem (4 peças)	Painel fotovoltaico (15 kg)
***Subfase 1.* Transporte (plano)**	Carga (painel fotovoltaico) Querosene combustível (7,080 kg)	Carga (painel fotovoltaico)
4. Fase de utilização	Painel fotovoltaico (15 kg)	Eletricidade fotovoltaica (7.095.600 MJ) Painel fotovoltaico (15 kg)
5. Fase de desmontagem primária	Painel fotovoltaico (15 kg)	Peças de montagem (4 peças)
***Subfase 2.* Transporte (camião)**	Carga (Peças de montagem - 4 peças) Gasóleo (14,300 kg)	Carga (Peças de montagem - 4 peças)
6. Fase de desmontagem	Peças de montagem (4 peças)	Materiais para produção (257 kg)
7. Fim da vida	Materiais para produção (257 kg)	Materiais transferidos para aterro (257 kg)

Uma representação simplificada das fases do sistema é mostrada na figura (3.3) como um fluxograma:

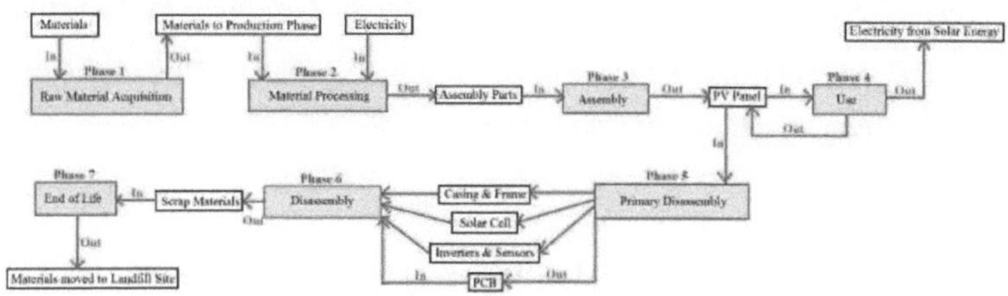

Figura 3.3: Fluxograma do ciclo de vida do sistema fotovoltaico

Outro aspeto que é essencial incluir neste estudo é o efeito do transporte. Assume-se que o sistema é fabricado e montado na Alemanha e é transportado através de um avião (motor a querosene) para o Egito. Esta viagem ocorre após a fase de montagem (processo 3) e antes da fase de utilização (processo 4). Após a conclusão da fase de utilização (o tempo de vida presumível do painel solar é de 25 anos), o sistema é transportado através de um camião (motor diesel) para ser processado na fase de desmontagem (processo 5).

Segue-se uma captura de ecrã do esquema de ACV do sistema fotovoltaico realizado na plataforma de software GaBi.

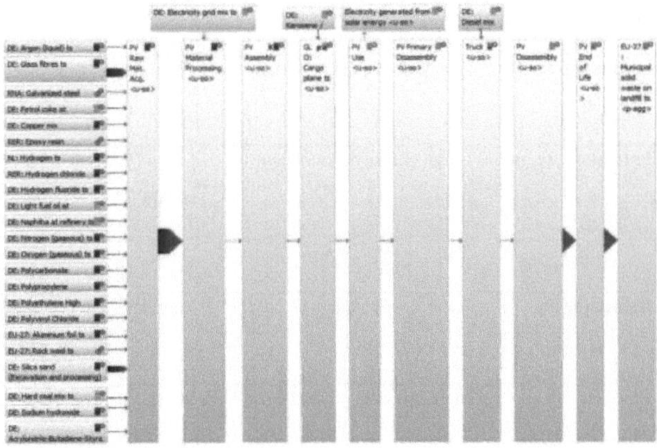

Figura 3.4: Captura de ecrã da ACV do sistema fotovoltaico

Avaliação do impacto

Esta secção deve descrever em pormenor os resultados obtidos sobre o impacto ambiental causado por um ciclo de vida completo de desenvolvimento, utilização e eliminação/reciclagem de um sistema solar fotovoltaico.

Potencial de Aquecimento Global (GWP):

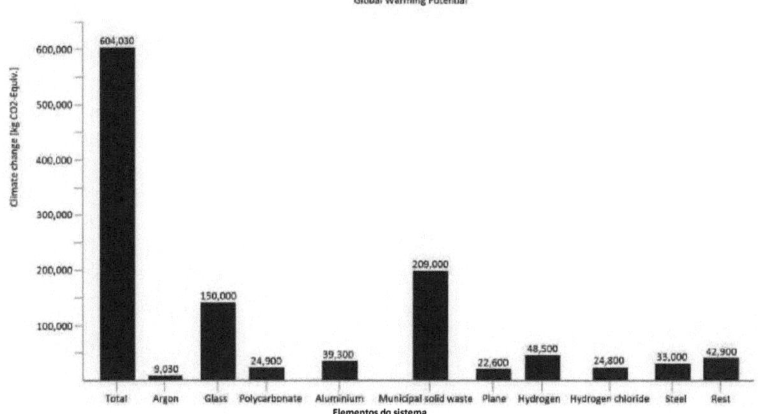

Figura 3.5: GWP do sistema fotovoltaico

Na figura (3.5), deduz-se que os resíduos sólidos urbanos causam a maior quantidade de emissões de CO_2 em 100 anos; isto deve-se ao facto de o sistema como um todo ser transferido para um aterro quando atinge o seu fim de vida e se assume que não é reciclado. Embora a reciclagem provocasse uma grande diminuição das emissões de CO_2, foi omitida neste estudo (ver secção 2.8). A presença de vidro no sistema fotovoltaico é a segunda maior quantidade de emissões de CO_2, logo a seguir aos resíduos sólidos urbanos. De facto, são libertados na atmosfera e no ambiente cerca de 150 000 kg de dióxido de carbono devido à utilização de 86 kg de fibras de vidro por painel. Isto deve-se ao facto de as fibras de vidro serem feitas de areia de quartzo, que não é biodegradável e não é renovável, libertando assim emissões nocivas para o ambiente. A quantidade total de emissões de CO_2 resultante do sistema fotovoltaico completo é de aproximadamente 604.030 kg por 100 anos. Um estudo que examinou um sistema fotovoltaico semelhante realizado por Wang (2013), descrito na secção (2.4), mostrou uma emissão total de dióxido de carbono do sistema de 5,02 kg/KW por ano, o que equivale a 502 000 kg para um sistema de 1 MW em 100 anos. A diferença entre estes valores pode dever-se às diferenças na área de superfície do painel solar. De acordo com Hansen et al. (2013), o mundo pode emitir até 350 mil milhões de toneladas de CO_2 por ano de forma segura, limitando simultaneamente o aumento da temperatura em 1,5 °C.

Potencial de destruição do ozono (ODP):

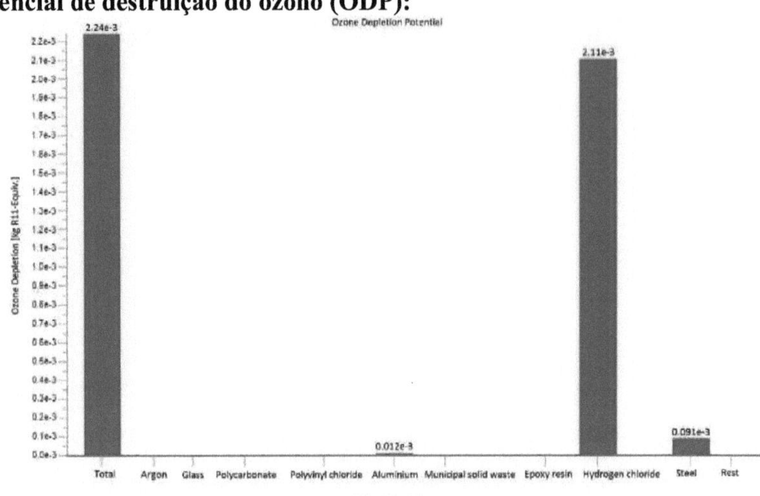

Figura 3.6: ODP do sistema fotovoltaico

Na figura (3.6), o cloreto de hidrogénio tem o maior valor do potencial de empobrecimento do ozono em comparação com as outras substâncias incluídas no sistema fotovoltaico. Mas o valor é extremamente pequeno (à potência de três negativo), pelo que tem pouco ou nenhum significado. Conclui-se assim que este sistema fotovoltaico em particular, constituído por 1000 painéis solares, não causa a destruição da camada de ozono.

Formação fotoquímica de ozono:

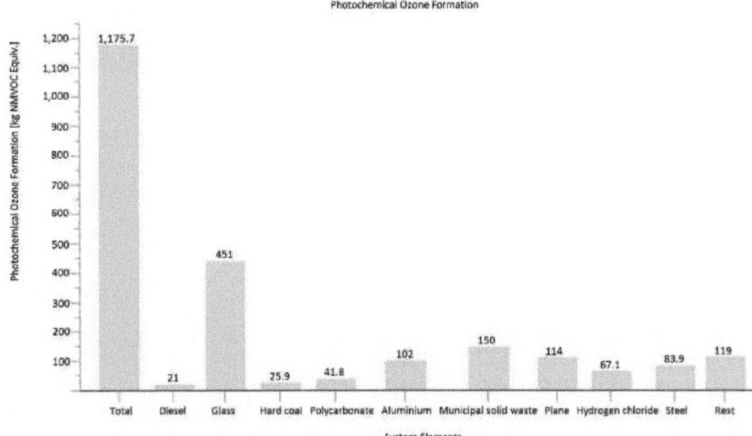

Figura 3.7: POCP do sistema fotovoltaico

A formação de ozono fotoquímico é o resultado das emissões de hidrocarbonetos. Um dos hidrocarbonetos significativos que está presente em várias substâncias é o etileno. Na figura (3.7), as substâncias com maior quantidade de etileno são a causa da formação mais significativa de ozono fotoquímico. Tal como a maioria dos gráficos apresentados para o sistema fotovoltaico dos resultados da ACV, o vidro é o principal culpado do sistema e a formação total de ozono do sistema excede em muito o limite seguro de 110 kg COV-eq. Exceder este limite provoca o aumento do smog, o que leva a que mais pessoas tenham asma, irritação do sistema respiratório e inflamação dos revestimentos dos pulmões (Seinfeld & Pandis 1998).

Toxicidade humana (cancerígena):

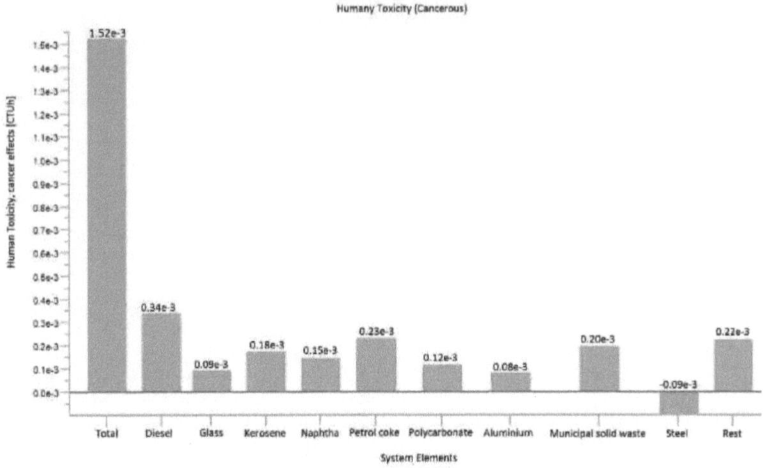

Figura 3.8: Toxicidade humana do sistema fotovoltaico

As fibras de vidro são finamente fiadas para formar uma massa que se assemelha à lã. Ao trabalhar ou instalar este material, as pequenas fibras podem ser engolidas ou inaladas e, se permanecerem nos pulmões de uma pessoa durante períodos de tempo extremamente longos, podem potencialmente provocar cancro do pulmão. O querosene de aviação, a nafta e o policarbonato podem causar cancro da pele se estiverem em contacto com a pele durante muito tempo, mas isso raramente acontece porque, para serem utilizados ou mesmo extraídos, passam por mangueiras e raramente estão em contacto direto com a pele. O coque de petróleo tem os mesmos efeitos que o pó no ar, se inalado em quantidades muito grandes e concentradas, pode potencialmente levar ao cancro do pulmão, mas esta é uma ocorrência rara devido às precauções padrão e aos regulamentos de segurança que são seguidos quando o sistema está na fase de produção (os trabalhadores usam normalmente máscaras e luvas). Para concluir com segurança, este sistema fotovoltaico não é feito de quaisquer substâncias susceptíveis de causar cancro aos seres humanos devido ao facto de todos os valores serem extremamente pequenos em comparação com a gama de toxicidade humana permitida de 100 - 1.000 CTU.

Toxicidade ecológica:

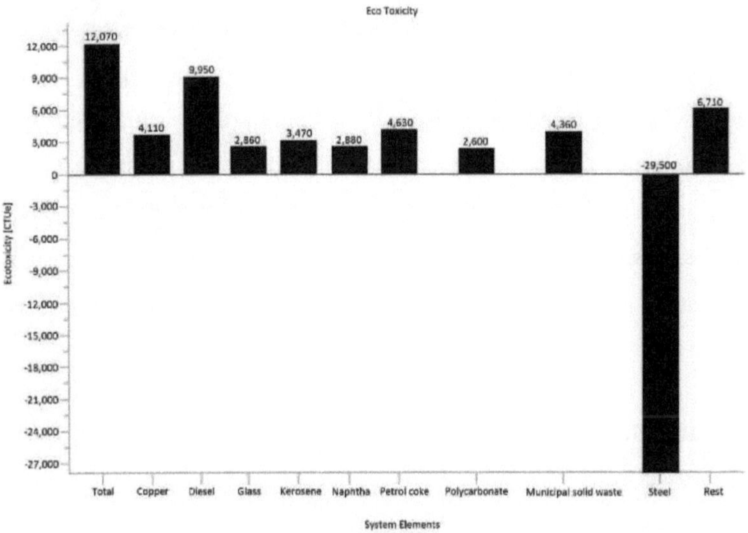

Figura 3.9: Ecotoxicidade do sistema fotovoltaico

A ecotoxicidade de uma substância ou composto é determinada medindo a quantidade de produtos químicos ou gases tóxicos que uma substância liberta; estas substâncias tóxicas são consideradas nocivas para o ambiente e para os seres vivos, incluindo, entre outros, os hidrocarbonetos fluorados-clorados (CFC) e os óxidos de azoto (NOX). Como se pode ver na figura (3.9), as substâncias do sistema fotovoltaico que apresentam uma quantidade significativa e elevada de ecotoxicidade são o gasóleo, o coque de petróleo, o cobre, o querosene e a nafta, respetivamente, sendo o gasóleo a substância mais importante devido aos seus ingredientes ricos em compostos orgânicos nocivos. O facto de os materiais do sistema serem transferidos para o aterro sanitário também causa um impacto significativo na eco-toxicidade, em comparação com a reciclagem do sistema. Durante a sua fase de produção na indústria, os materiais do sistema emitem CFC, o que leva a que o sistema tenha um valor de eco-toxicidade muito superior ao valor seguro permitido de 100 CTU. Ultrapassar o limite de segurança leva a danos no ecossistema, o que significa afetar a natureza do ambiente. Algumas das consequências desta situação incluem: uma taxa de reprodução mais baixa para os seres humanos e animais devido a uma menor contagem de espermatozóides, a libertação de irritantes novos e nocivos para a atmosfera, o que pode levar a alergias perigosas, o aumento da resistência aos antibióticos actuais, enzimas metabólicas danificadas, taxas de cancro mais elevadas e uma diminuição dos níveis de oxigénio. Além disso, o aço apresenta uma ecotoxicidade negativa porque, durante o seu processo de produção, utiliza iões negativos e consome óxidos de azoto e CFC para se tornar galvanizado, apresentando assim um impacto positivo no ambiente.

Potencial de acidificação (PA):

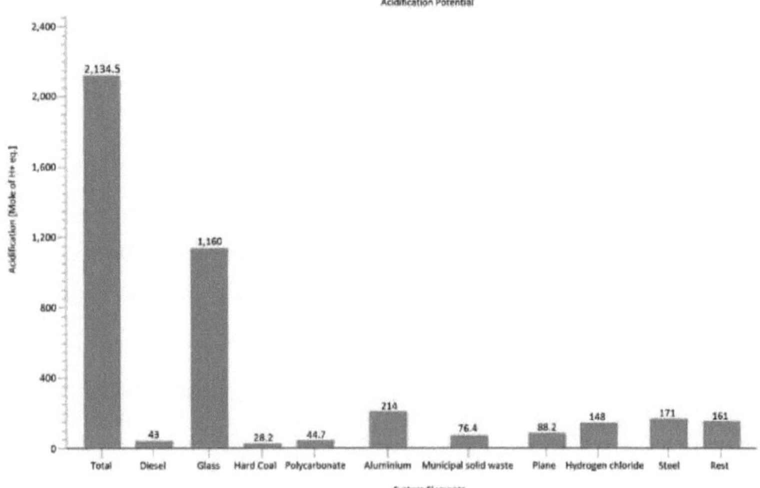

Figura 3.10: AP do sistema fotovoltaico

A acidificação resulta da libertação de dióxidos de enxofre e óxidos de azoto pelas substâncias que reduzem os níveis de pH da água da chuva, tornando-a ácida. Como mostra a figura (3.10), são várias as substâncias que provocam estas libertações, sendo a substância mais significativa o vidro utilizado no sistema fotovoltaico. De acordo com a base de dados científica GaBi, por cada 1 kg de fibras de vidro utilizadas, são libertados para a atmosfera 0,00104 kg de óxidos de azoto e 0,00798 kg de dióxido de enxofre. Para este sistema fotovoltaico em particular, são utilizados 86 kg de fibras de vidro por painel, resultando assim numa libertação de aproximadamente 0,0884 kg de óxidos de azoto e 0,6783 kg de dióxido de enxofre. Como já foi referido, o limiar máximo recomendado para um limite seguro do potencial de acidificação de qualquer entidade é de 850 H^+, pelo que este sistema é considerado perigoso, uma vez que conduz a um elevado aumento da acidez da água da chuva, o que pode afetar as culturas e o crescimento das plantas.

Potencial de eutrofização (PE) - Terrestre:

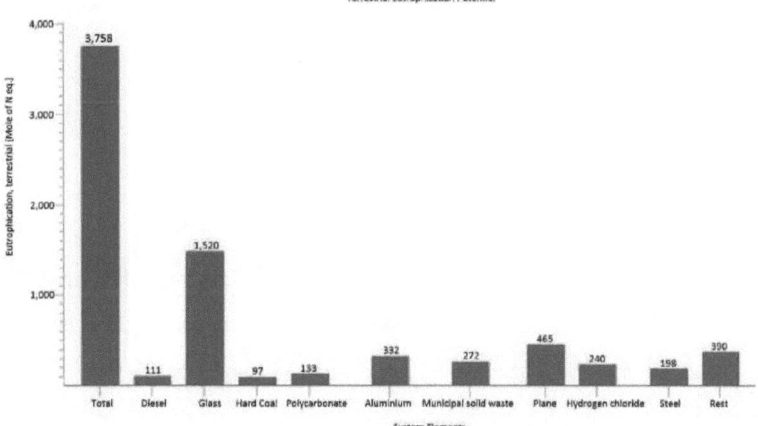

Figura 3.11: PE terrestre do sistema fotovoltaico

A eutrofização é causada pela libertação excessiva de azoto e fósforo no ambiente, especialmente na água (rios, lagos, mares, etc.). Esta situação provoca uma acumulação indesejada de nutrientes nos solos e nas águas que pode prejudicar o ecossistema. Na figura (3.11), a eutrofização é medida apenas em relação à quantidade equivalente de moles de azoto presentes e não de fósforo, devido ao facto de o azoto estar muito mais presente nas substâncias do que o fósforo. A maior parte dos danos é causada na fase de produção do sistema fotovoltaico, ou seja, quando todos os artigos estão a ser produzidos e processados em instalações industriais que tendem a libertar resíduos tóxicos para a água. A substância mais prejudicial neste caso é novamente o vidro, mas os restantes materiais também causam um aumento significativo da eutrofização, levando o sistema a ultrapassar o limite máximo de segurança de 80 moles de N-eq por entidade.

Potencial de eutrofização (PE) - Marinho:

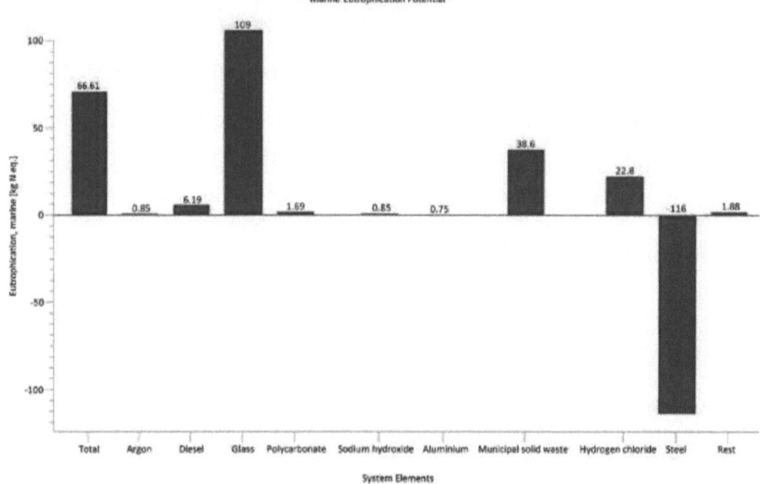

Figura 3.12: EP marítimo do sistema fotovoltaico

O nitrogénio e o fósforo ocorrem naturalmente nas águas marinhas, transferidos da terra através de riachos, rios e escoamento da água da chuva e também da degradação da matéria orgânica na água (Jessen et al. 2014). No entanto, as entradas humanas de nutrientes no ambiente aumentaram a carga de azoto e fósforo nos oceanos, levando a um aumento do crescimento, da produção primária e da biomassa de algas; alterações no equilíbrio dos organismos; e degradação da qualidade da água. Na figura (3.12), o aço galvanizado tem um valor de potencial de eutrofização negativo devido ao facto de, durante o seu processo de produção, consumir átomos de azoto e fósforo, apresentando, portanto, um efeito negativo, uma vez que está a retirar estes compostos da atmosfera. Embora o vidro cause a maior quantidade de eutrofização, não faz com que o sistema ultrapasse o limite seguro de 80 moles de N-eq.

Esgotamento dos recursos abióticos:

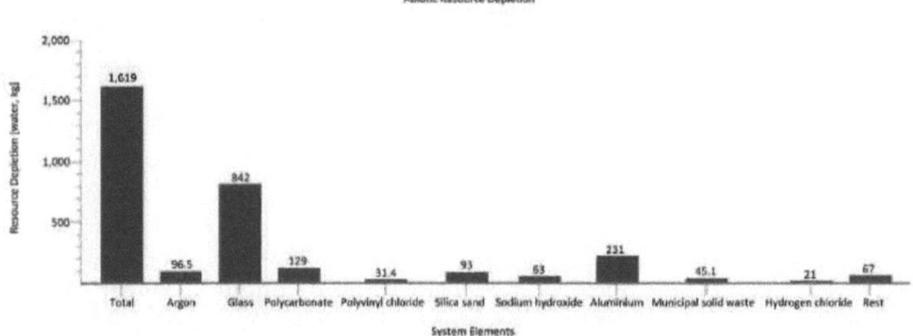

Figura 3.13: ARD do sistema fotovoltaico

A Figura (3.13) mostra o grau de não-renovabilidade das substâncias presentes no sistema fotovoltaico. Isto mostra que a utilização de vidro, alumínio, policarbonato, areia e árgon para este sistema diminuirá estas substâncias específicas dos recursos naturais da Terra até que o sistema atinja a sua fase de fim de vida. Esta consequência deve-se ao facto de se ter assumido neste estudo que o sistema não é reciclado; se a reciclagem ocorrer, o potencial de ARD de todos os elementos presentes no sistema irá certamente diminuir.

Interpretação

Quase todos os resultados da tabela de ACV apresentados para o sistema solar fotovoltaico, que mostram os diferentes tipos de perigos e efeitos para o ambiente, revelam que a substância mais significativa utilizada neste sistema são, de facto, as fibras de vidro utilizadas para garantir a eficácia e o sucesso do sistema, uma vez que são utilizadas para produzir a cobertura de vidro que protege o painel fotovoltaico e actua como um escudo, assegurando simultaneamente os ângulos corretos de incidência dos raios solares. Embora o vidro possa ser reciclado, está demonstrado que o processo de fabrico do próprio vidro é o que causa um impacto significativo no ambiente. Estudos revelam que existem várias alternativas ao vidro, que é a substância mais nociva neste sistema. As alternativas ao vidro, de acordo com um estudo de Zukerman (2007), são os policarbonatos, o plexiglass ou os fluoropolímeros. As alternativas sugeridas por Zukerman são comparadas com o vidro, exceto os policarbonatos, porque os policarbonatos bloqueiam mais a luz UV e tendem a amarelecer com o tempo se não lhes for aplicado um tratamento que os proteja dos UV.

O plexiglas é um tipo de plástico, fabricado principalmente a partir de acrílico transparente. O nome científico é polimetilmetacrilato, por vezes abreviado como PMMA e classificado como um termoplástico transparente. Uma vez que o plexiglass é um plástico, é um produto derivado do petróleo. Por outro lado, o vidro é um sólido amorfo (não cristalino), um composto inorgânico que arrefeceu de um estado líquido para um sólido sem passar por um estado cristalino. O vidro é frágil, transparente e composto principalmente por sílica. As superfícies de vidro reflectem a luz mais facilmente do que as superfícies de plexiglas, o que pode criar reflexos ou brilhos indesejados. É por esta razão que o plexiglass pode melhorar a eficácia de um painel solar, porque será capaz de recolher mais luz (Harper & Petrie 2003).

Outro substituto do vidro nos painéis fotovoltaicos são os fluoropolímeros, mas estes causam uma ligeira diminuição da eficiência do sistema devido à sua menor capacidade de refração. Infelizmente, neste caso, o custo de diminuir os impactos ambientais nocivos significa ter de diminuir ligeiramente a eficiência do sistema fotovoltaico. Mais informações sobre o fluoropolímero são apresentadas abaixo.

O fluoropolímero é um tipo de termoplástico. A película protetora é uma folha multicamada, à base de fluoropolímero, que pode substituir o vidro como cobertura frontal protetora dos painéis solares. Os fabricantes laminam as folhas nos painéis solares para os selar hermeticamente e protegê-los da humidade e de outros elementos climáticos que podem ser mortais para as células solares no seu interior. Isto permitiu obter painéis leves e flexíveis que são baratos de transportar e fáceis de instalar (desenrolando-os sobre grandes áreas) (Sully 1997).

Depois de examinar as diferentes alternativas ao vidro, o plexiglass e o policarbonato foram adicionados à ACV, utilizando o software GaBi, em vez do vidro, para provar se a hipótese de estes materiais serem ou não uma alternativa mais ecológica ao vidro estava correta. Surpreendentemente, estes dois substitutos não se revelaram, de facto, mais ecológicos do que o vidro, na verdade, são piores. O GWP foi o único potencial examinado com os dois novos substitutos; o plexiglass (polimetacrilato de metilo) resultou num GWP do sistema de aproximadamente 7.200 kg de CO_2 no total, e o policarbonato resultou num GWP do sistema de aproximadamente 8.000 kg de CO_2, enquanto o GWP do sistema que utiliza vidro normal foi de 6.150 kg de CO_2. O fluoropolímero não foi testado como substituto porque existem vários tipos de fluoropolímeros, uma vez que o fluoropolímero é uma categoria genérica de elementos e não o nome de um determinado composto.

Em 2016, foi produzido um novo material chamado "Madeira Transparente". Este material começa por ser produzido através da lavagem da madeira em água fervida, hidróxido de sódio e outros químicos durante duas horas; este processo remove as moléculas de lenhina da madeira, que são responsáveis por lhe dar a sua cor castanho-amarelada. De seguida, o plexiglass (polimetilmetacrilato) é misturado com a madeira, o que torna a madeira transparente e extremamente resistente. Os cientistas provaram que este material absorve mais luz do que o vidro devido à presença de micro-canais que estão presentes na madeira devido à sua estrutura natural de quando era uma árvore (Smith 2016). Os microcanais fornecem luz de forma semelhante à forma como a árvore movia os nutrientes em torno de toda a planta. Embora ainda não esteja provado, a madeira transparente pode ser a nova melhor alternativa ao vidro, uma vez que é amiga do ambiente e tem uma maior capacidade de refração. Este material não pôde ser testado no software de ACV porque é relativamente novo e ainda não recebeu um nome oficial de composto e propriedades, pelo que não foi encontrado em nenhuma das bases de dados de ACV.

3.1.5.2 - Sistema de turbinas eólicas

Objetivo

O objetivo deste estudo é determinar o impacto ambiental de um sistema de turbina eólica com uma potência de 1 MW e uma velocidade do rotor de 1900 rpm. A turbina eólica tem 3 pás, cada uma com um comprimento de 37 m. A altura da torre da turbina eólica é de 78 m e é modelada com um pitch upwind com controlo de guinada. O sistema tem um tempo de vida útil aproximado de 20-25 anos. A ACV para este sistema deve seguir os passos exactos e ter a mesma estrutura que o sistema FV; isto é feito para permitir uma comparação direta de ambos os sistemas que ajudará a melhorar a otimização dos sistemas.

Âmbito de aplicação

A turbina eólica é composta por 3 componentes principais, o rotor, a nacela e a torre. O conjunto do rotor é o módulo chave do sistema, é composto pelas pás, cubo, cone do nariz, eixo e rolamentos. O conjunto do rotor está ligado à nacelle que está fixada no topo da torre com uma grande estrutura de aço necessária para suportar as fortes forças do vento. O conjunto da nacelle é composto por uma casa de fibra de vidro que protege e sela a caixa de velocidades, o gerador, o sistema hidráulico, o eixo principal e o sistema de guinada/afinação contra as condições climatéricas adversas. Por último, a torre é fixada a uma fundação de betão armado com grandes varões de aço roscados embutidos. A figura (3.14) é um diagrama que representa os limites do sistema (Ghenai 2007).

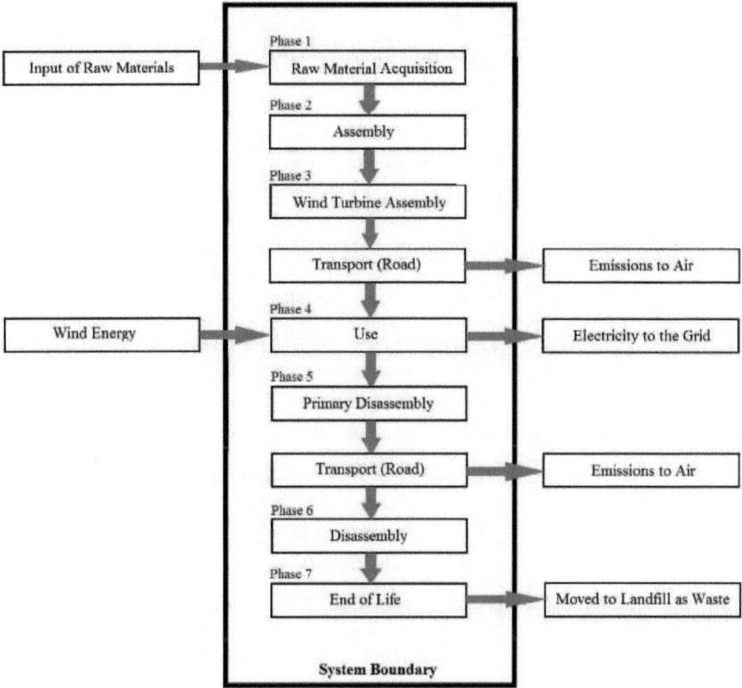

Figura 3.14: Limite do sistema de turbinas eólicas

Análise de inventário

A turbina eólica em estudo é constituída pelos seguintes materiais (Arts et al. 1998):

Tabela 3.3: Materiais para turbinas eólicas

Parte	Material	Massa (Kg) [Ao longo da vida]
Rotor	Aço	5,000
	Ferro fundido	8,500
	Fibra de vidro	7,500
	Epóxi	5,000
Torre	Aço	200,000
Nacela	Aço	11,270

	Cobre	2,500
	Areia de sílica	150
	Ferro fundido	35,920
	Fibra de vidro	2,000
	Lubrificante	300,800
Fundação	Aço	35,000
	Betão	400,000
	Total	**1,014,640**

O sistema é composto por sete processos principais, cada um dos quais tem diferentes fluxos de entrada e de saída, representados na tabela (3.4):

Tabela 3.4: Fases do sistema de turbinas eólicas

Fase/Processo	Fluxo de entrada	Fluxo de saída
1. Aquisição de matérias-primas **[Rotor]**	Aço (5.000 kg)	Peças do rotor (26.000 kg)
	Ferro fundido (8,500 kg)	
	Fibra de vidro (7,500 kg)	
	Epóxi (5.000 kg)	
[Torre]	Aço (200.000 kg)	Peças de torres (200.000 kg)
[Nacelle]	Aço (12,270 kg)	
	Cobre (2,500 kg)	
	Areia de sílica (150 kg)	Peças da nacela (353,640 kg)
	Ferro fundido (35,920 kg)	
	Fibra de vidro (2.000 kg)	
	Lubrificante (300,800 kg) *(massa de lubrificante contabilizada para um período de 25 anos)*	
[Fundação]	Aço (35.000 kg)	Partes da fundação (435.000 kg)

	Betão (400.000 kg)	
2. Fase de montagem da peça **[Rotor]**	Peças do rotor (26.000 kg) Eletricidade (4,200 MJ)	Rotor (1 peça)
[Torre]	Peças de torres (200.000 kg) Eletricidade (4,200 MJ)	Torre (1 peça)
[Nacelle]	Peças da nacela (353,640 kg) Eletricidade (4,200 MJ)	Nacela (1 peça)
[Fundação]	Partes da fundação (435.000 kg) Eletricidade (4,200 MJ)	Fundação (1 peça)
3. Fase de montagem	Rotor (1 peça) Torre (1 peça) Nacela (1 peça) Fundação (1 peça)	Turbina eólica (1.014.640 kg)
Subfase 1. **Transporte (camião)**	Carga (turbina eólica) Gasóleo (8,920 kg)	Carga (turbina eólica)
4. Fase de utilização	Turbina eólica (1.014.640 kg)	Turbina eólica (1.014.640 kg) Eletricidade de origem eólica (11.352.960 MJ)
5. Fase de desmontagem primária	Turbina eólica (1.014.640 kg)	Rotor (1 peça) Torre (1 peça) Nacela (1 peça) Fundação (1 peça)
Subfase 2. **Transporte (camião)**	Carga (turbina eólica) Gasóleo (2,970 kg)	Carga (turbina eólica)
6. Fase de desmontagem	Rotor (1 peça)	Peças do rotor (26.000 kg)
	Torre (1 peça)	Peças de torres (200.000 kg)
	Nacela (1 peça)	Peças da nacela (353,640 kg)

	Fundação (1 peça)	Partes da fundação (435.000 kg)
7. Fim da vida	Peças do rotor (26.000 kg)	Materiais transferidos para aterro (1.014.640 kg)
	Peças de torres (200.000 kg)	
	Peças da nacela (353,640 kg)	
	Partes da fundação (435.000 kg)	

A figura (3.15) apresenta um fluxograma simplificado que mostra as fases e as suas entradas e saídas:

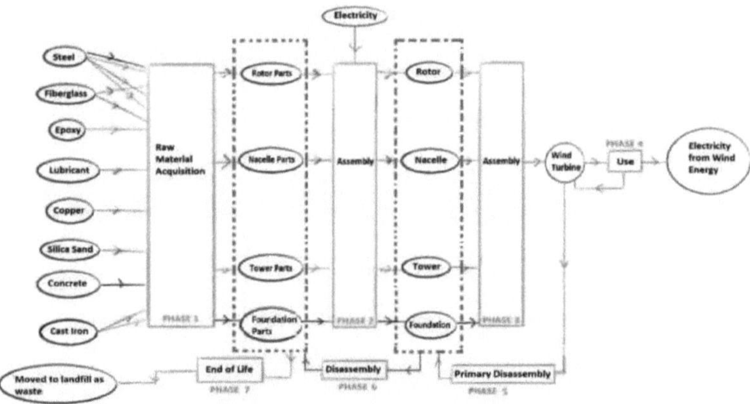

Figura 3.15: Fluxograma do sistema de turbinas eólicas

Outro aspeto que é essencial incluir neste estudo é o efeito do transporte. Assume-se que o sistema é fabricado e montado na região egípcia do Mar Vermelho e é transportado por um camião ferroviário (motor diesel) para o Cairo. Assume-se que esta viagem tem uma distância aproximada de 650 km e ocorre após a fase de montagem (processo 7) e antes da fase de utilização (processo 8).

Após a conclusão da Fase de Utilização (o tempo de vida presumível do aerogerador é de 25 anos), o sistema é transportado por um camião (motor diesel) para o aterro sanitário para ser processado na Fase de Desmontagem (processo 9).

A Figura (3.16) é uma captura de ecrã do esquema de ACV do sistema de turbinas eólicas realizado na plataforma de software GaBi.

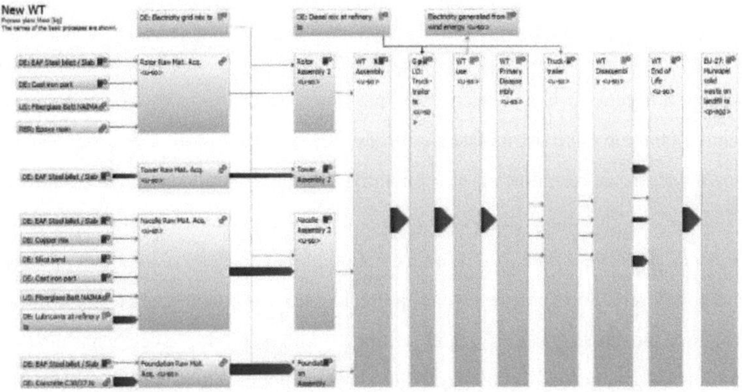

Figura 3.16: Captura de ecrã da ACV do sistema de turbinas eólicas

Avaliação do impacto

Esta secção descreve em pormenor os resultados obtidos sobre o impacto ambiental causado por um ciclo de vida completo do desenvolvimento, utilização e eliminação/reciclagem de um sistema de turbinas eólicas.

Potencial de Aquecimento Global (GWP):

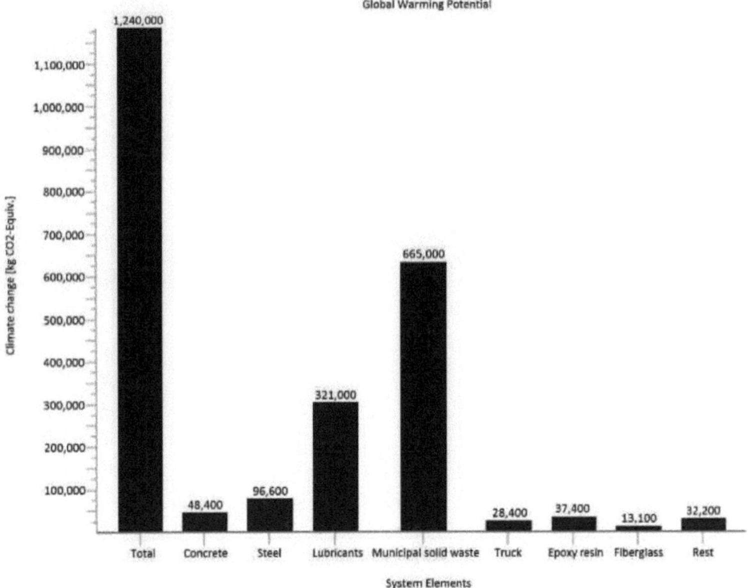

Figura 3.17: GWP do sistema de turbinas eólicas

Como mostra a figura (3.17), o elemento que causa o maior impacto no potencial de aquecimento global é o facto de, na fase de fim de vida da turbina eólica, esta ser desmontada e levada para o aterro de resíduos, porque a maioria dos seus componentes não é renovável. O facto de todos estes elementos não renováveis e não biodegradáveis serem depositados em aterros aumenta, de facto, o potencial de aquecimento global do Egito e do mundo, porque, em vez de se decomporem, libertam substâncias químicas e tóxicas nocivas para o ar e a atmosfera. Na figura acima, mostra-se que a utilização de lubrificantes na produção de apenas uma turbina eólica gera aproximadamente 321 000 kg de dióxido de carbono. Outros componentes perigosos utilizados no sistema de turbinas eólicas que também causam um grande potencial de aquecimento global incluem a utilização de aço, betão, epóxi, fibra de vidro e o transporte através de camiões a diesel. As emissões totais de dióxido de carbono resultantes de todo o sistema ascendem a cerca de 1 200 000 kg, enquanto o resultado de um estudo efectuado por Haapala et al. (2014) resultou numa quantidade de 1 410 000 kg. Esta diferença pode ter-se devido a uma diferença nos materiais utilizados.

Potencial de destruição do ozono (ODP):

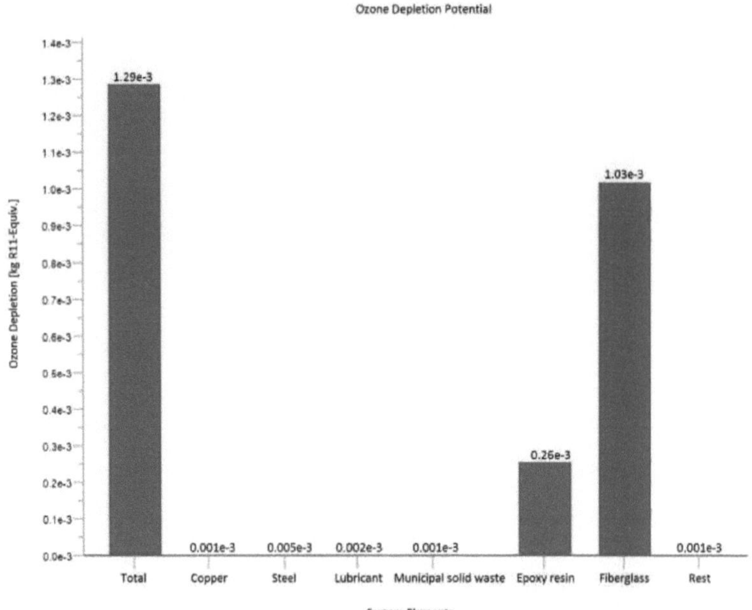

Figura 3.18: ODP do sistema de turbinas eólicas

O ODP do sistema de turbinas eólicas é relativamente pequeno (à potência de 3 negativo), pelo que este sistema não afecta significativamente o ozono e não causa uma quantidade considerável de destruição da camada de ozono da Terra.

Formação fotoquímica de ozono:

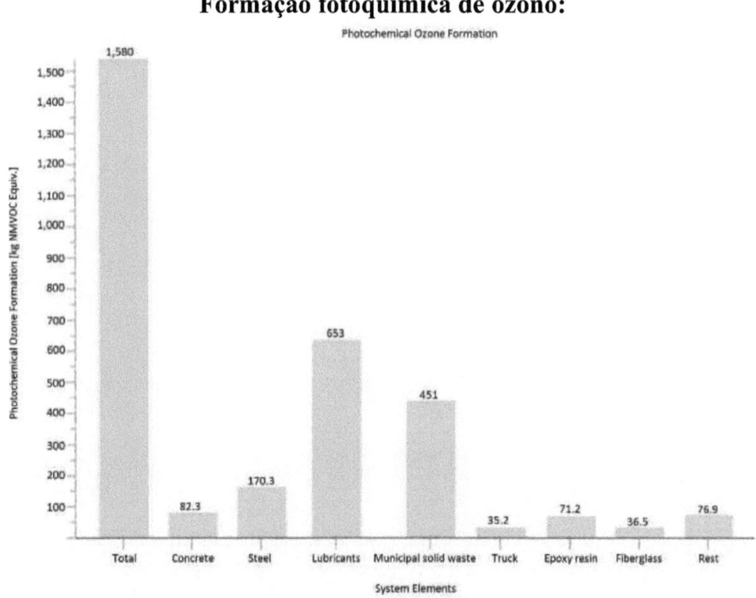

Figura 3.19: POCP do sistema de turbinas eólicas

A formação de ozono fotoquímico é o resultado de emissões de hidrocarbonetos que são considerados extremamente voláteis para o ambiente. Um dos hidrocarbonetos significativos que está presente em várias substâncias é o etileno. Na figura acima, as substâncias com maior quantidade de etileno são a causa da formação mais significativa de ozono fotoquímico. Tal como a maioria dos gráficos apresentados para o sistema de turbinas eólicas dos resultados da ACV, os lubrificantes, o aço e o epóxi são os principais culpados do sistema. Mais uma vez, o processo de transporte dos materiais para o aterro, depois de o sistema ter atingido a sua fase de fim de vida, revela um elevado impacto negativo no ambiente.

Toxicidade humana (cancerígena):

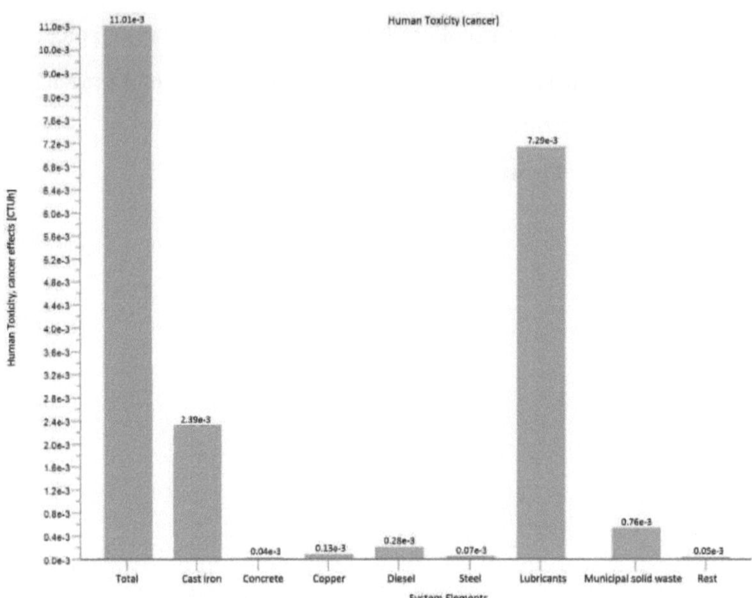

Figura 3.20: Toxicidade humana do sistema de turbinas eólicas

Os lubrificantes têm um efeito significativo na toxicidade humana porque incluem um composto químico perigoso chamado benzeno, que está associado a cancros linfáticos e sanguíneos (como a leucemia) quando uma pessoa é exposta a ele durante longos períodos. O benzeno e outros compostos orgânicos nocivos também se encontram no gasóleo. O fabrico de aço aumenta o risco de cancro do pulmão do trabalhador devido à presença de um composto hexavalente no aço chamado crómio, que é causado pela inalação do gás da substância ou pelo contacto direto com a pele.

O cádmio é um metal branco-prateado ou azul que se encontra normalmente em depósitos minerais como o cobre e o ferro, sendo uma das principais causas de cancro do pulmão para as pessoas que se encontram a uma distância próxima e que o podem inalar ou ingerir involuntariamente. Mas para este sistema em particular, a quantidade de potencial de toxicidade humana é muito inferior ao intervalo admissível de 100 - 1.000 CTU.

Toxicidade ecológica:

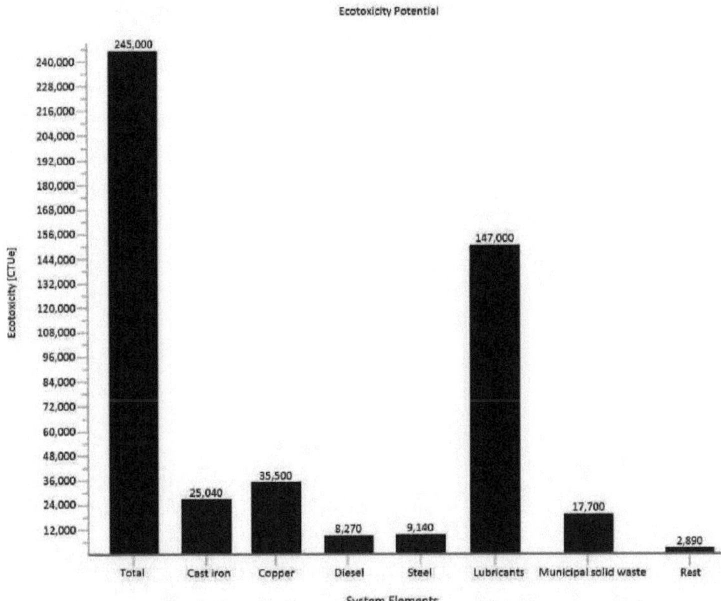

Figura 3.21: Eco-tox do sistema de turbinas eólicas

A ecotoxicidade de uma substância ou composto é determinada medindo a quantidade de produtos químicos ou gases tóxicos que uma substância liberta; estas substâncias tóxicas são consideradas nocivas para o ambiente e para os seres vivos, incluindo, entre outras, os hidrocarbonetos fluorados-clorados (CFC) e os óxidos de azoto (NOX). Como se pode ver na figura (3.21), as substâncias presentes no sistema de turbinas eólicas que apresentam uma quantidade significativa e elevada de ecotoxicidade são os lubrificantes, o cobre, o ferro, o aço e o gasóleo, respetivamente, sendo os lubrificantes a substância que mais se destaca devido aos seus ingredientes ricos em compostos orgânicos nocivos. Outra observação deste gráfico é que o processo dos resíduos urbanos apresenta um valor elevado de ecotoxicidade, o que se deve ao facto de, nos aterros sanitários, os objectos nocivos reagirem com os compostos que os rodeiam. É por isso que alguns objectos têm de ser incinerados em vez de serem simplesmente deixados num aterro sanitário.

Potencial de acidificação (PA):

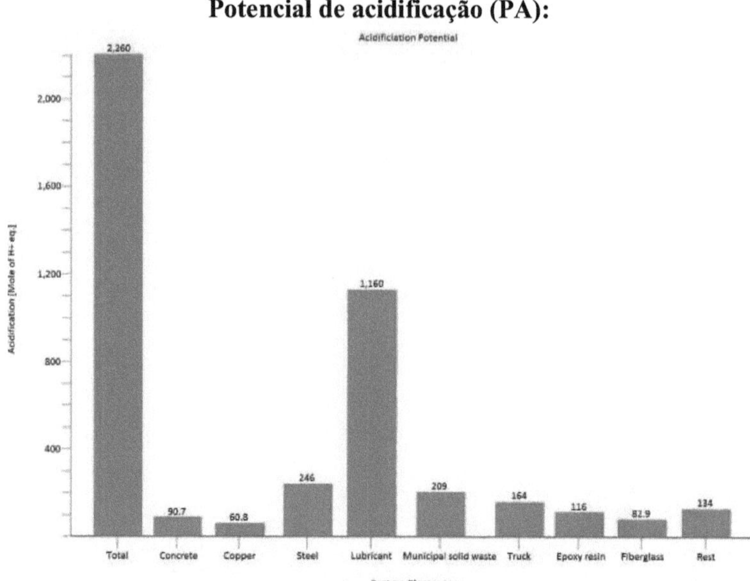

Figura 3.22: AP do sistema de turbinas eólicas

A acidificação resulta da libertação de dióxidos de enxofre e óxidos de azoto por substâncias que reduzem os níveis de pH da água da chuva, tornando-a ácida, e faz com que a água seja demasiado tóxica para que certos peixes possam sobreviver nela. Como mostra a figura (3.22), várias substâncias estão na origem destas libertações, sendo a substância mais importante o lubrificante utilizado no sistema de turbinas eólicas. De acordo com a base de dados científica GaBi, por cada 1 kg de lubrificante utilizado,

Estão a ser libertados para a atmosfera 0,00128 kg de óxidos de azoto e 0,00129 kg de dióxido de enxofre. Para este sistema específico de turbinas eólicas, são utilizados 300.800 kg de lubrificantes, o que resulta numa libertação de aproximadamente 385 kg de cada uma das duas substâncias perigosas. Este sistema tem um PA elevado que ultrapassa significativamente o limite de segurança de 850 moles de H+.

Potencial de eutrofização (PE) - Terrestre:

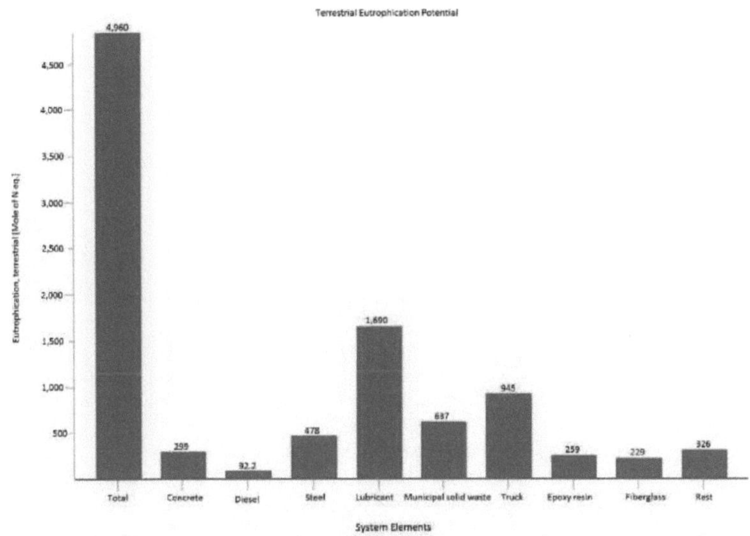

Figura 3.23: EP terrestre do sistema de turbinas eólicas

A eutrofização é causada pela libertação excessiva de azoto e fósforo no ambiente, especialmente na água (rios, lagos, mares, etc.). Esta situação provoca uma acumulação indesejada de nutrientes nos solos e nas águas que pode prejudicar o ecossistema. Na figura (3.23), a eutrofização é medida pela quantidade equivalente de moles de azoto presentes apenas e não de fósforo, devido ao facto de o azoto estar muito mais presente nas substâncias do que o fósforo. A maior parte dos danos é causada na fase de produção do sistema de turbinas eólicas, ou seja, quando todos os itens estão a ser produzidos e processados em locais industriais que tendem a ter as suas instalações a libertar resíduos tóxicos para a água. Neste gráfico, mostra-se que todos os materiais utilizados na turbina eólica ultrapassaram largamente o limite seguro de eutrofização de 80 moles. A quantidade total de emissões de N eq. para este sistema é de aproximadamente 5.000 kg, o que é 62 vezes mais do que o limite de segurança sugerido.

Potencial de eutrofização (PE) - Marinho:

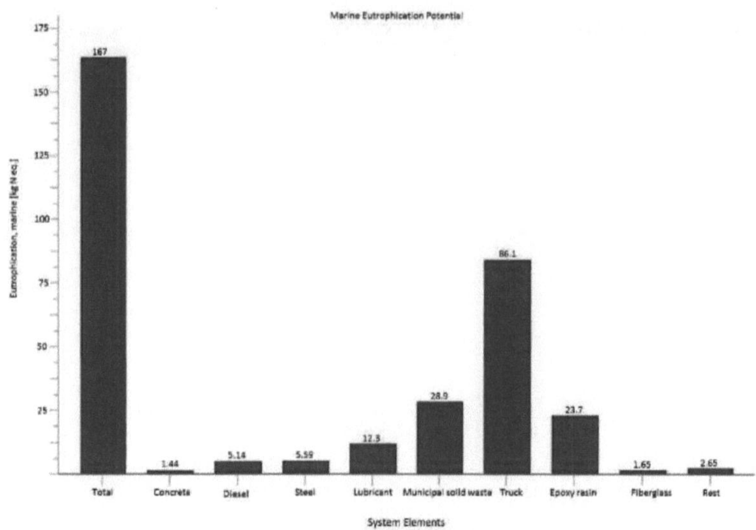

Figura 3.24: EP marítimo do sistema de turbinas eólicas

O fator de maior emissão de azoto de eutrofização marinha neste sistema é o camião utilizado para transportar o sistema no início e no fim da sua fase de utilização. O gasóleo que o camião utiliza causa uma quantidade significativamente pequena de emissões, o que significa que é o próprio camião que está a causar os danos, que podem ser provenientes do processo de produção do camião. Os lubrificantes e a resina epóxi também causam uma quantidade significativa de emissões, juntamente com os resíduos urbanos. Isto leva a que o sistema como um todo tenha um potencial de eutrofização marinha de 167 kg de N-eq.

Esgotamento dos recursos abióticos:

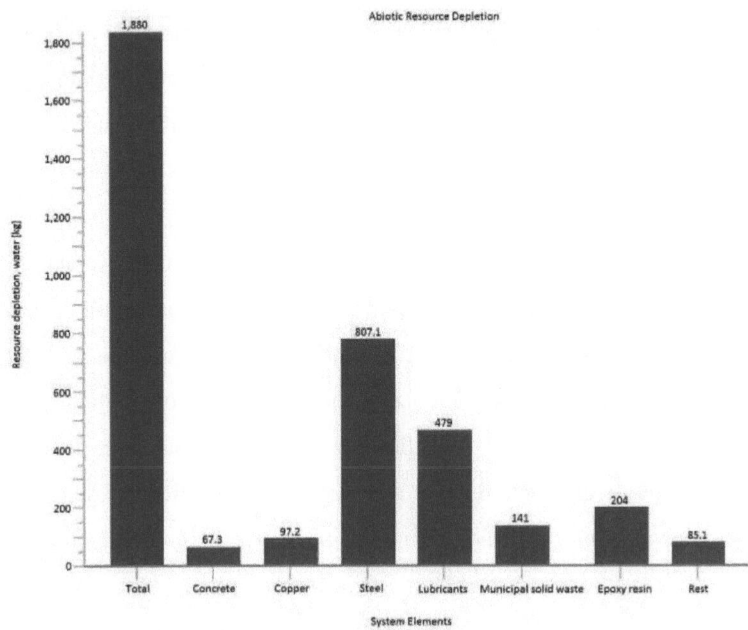

Figura 3.25: ARD do sistema de turbinas eólicas

A Figura (3.25) acima apresentada mostra o grau de não renovabilidade das substâncias presentes no sistema de turbinas eólicas. Isto mostra que a utilização de aço, lubrificantes, epóxi e cobre para este sistema irá diminuir estas substâncias específicas dos recursos naturais da Terra até que o sistema atinja a sua fase de fim de vida.

Interpretação

Quase todos os resultados dos gráficos de ACV apresentados para o sistema de turbinas eólicas, que mostram os diferentes tipos de perigos e efeitos para o ambiente, revelam que a substância mais significativa utilizada neste sistema é, de facto, o lubrificante, o epóxi e o aço utilizados para garantir a eficácia e o bom funcionamento do sistema. Estas três substâncias ou itens são os mais prejudiciais para o ambiente e têm o maior impacto ambiental. Embora os lubrificantes sejam selados num invólucro e na nacela da turbina eólica, durante a sua fase de utilização não prejudicam o ambiente. A maior parte dos impactes ambientais negativos resultantes dos lubrificantes advém da fase de produção e processamento. O aço e o epóxi são insubstituíveis, mas estudos demonstraram que existe uma alternativa maior e mais recente aos lubrificantes, que é a substância mais prejudicial neste sistema. A alternativa aos lubrificantes são os "bio-lubrificantes".

De acordo com uma revista que estuda as propriedades químicas e a natureza dos biolubrificantes, também conhecidos como lubrificantes de base biológica ou bio-lubes, escrita por Salimon et al. (2010), são feitos a partir de uma variedade de óleos vegetais, como os óleos de colza, canola, girassol, soja, palma e coco. A melhor aplicação para os bio-lubrificantes é em máquinas que perdem óleo diretamente para o ambiente durante a utilização, os lubrificantes de perda total (TLL), e em máquinas utilizadas em áreas sensíveis, como dentro ou perto da água.

Em comparação com os lubrificantes à base de petróleo, a utilização de bio-lubrificantes produz:

- Um ambiente de trabalho mais limpo, menos tóxico e menos problemas de pele para quem trabalha com motores e sistemas hidráulicos.
- Oferece maior segurança devido a pontos de inflamação mais elevados, viscosidade constante e menos emissões de névoa de óleo e vapor.
- Produz menos emissões devido às gamas de temperaturas de ebulição mais elevadas dos ésteres.
- São altamente biodegradáveis.
- Custos mais baixos ao longo do ciclo de vida do produto devido à menor necessidade de manutenção, armazenamento e eliminação.

Uma vez que os biolubrificantes têm um desempenho superior ao dos lubrificantes de petróleo, é necessária uma menor quantidade por aplicação. As vantagens em termos de custos incluem a redução das penalizações ambientais e de segurança em caso de derrames, bem como um menor desgaste das peças, custos de manutenção e taxas de eliminação.

Vantagens dos bio-lubrificantes:

- Evaporam mais lentamente do que os lubrificantes de petróleo.
- Aderem melhor a superfícies metálicas.

As desvantagens na fase de utilização do ciclo de vida do produto incluem:

- Alguns maus odores se houver contaminantes presentes.
- Elevada viscosidade a baixas temperaturas.
- Fraca estabilidade oxidativa a altas temperaturas, embora os aditivos concebidos especificamente para lubrificantes à base de plantas eliminem os problemas de estabilidade relacionados com temperaturas extremamente altas e baixas.

Um estudo estima que mais de 50 por cento de todos os lubrificantes utilizados acabam por ser libertados no ambiente. Embora a maioria dos bio-lubrificantes contenha uma pequena percentagem de aditivos que não são biodegradáveis, a quantidade de toxinas presentes é significativamente menor do que a dos lubrificantes de petróleo. Assim, os bio-lubrificantes usados, acidentalmente derramados ou com fugas não contaminam os cursos de água nem matam a vegetação e a vida selvagem.

No software GaBi, os bio-lubrificantes não estão presentes como um item que pode ser adicionado a um sistema. Para analisar o efeito dos bio-lubrificantes em vez dos lubrificantes normais neste sistema de turbina eólica, foi utilizada uma mistura de óleo de palma e óleo de soja com um rácio de 1:1 como substituto dos lubrificantes utilizados. Os outros óleos que são normalmente utilizados para fazer bio-lubrificantes não estão disponíveis no software, pelo que os novos resultados não podem ser justificados. Os novos resultados da simulação oferecem uma diminuição significativa das emissões de CO_2 de 1.240.000 para

1.153.433 kg.

3.1.6 - Limitações da ACV

Como qualquer metodologia científica, a ACV tem algumas limitações que podem afetar em grande medida o resultado de uma experiência ou estudo. Devido ao facto de a ACV ser um domínio relativamente novo, ainda está a ser objeto de muita investigação que visa determinar o processo metodológico perfeito para garantir um resultado preciso. Além disso, as análises do ciclo de vida podem não distinguir definitivamente um produto ou sistema como uma melhor escolha ambiental do que outro; os estudos de ACV só podem comparar produtos em termos de indicadores de impacto ambiental bem compreendidos e predefinidos, como o potencial de aquecimento global, o potencial de acidificação, a ecotoxicidade e outros. Independentemente das escolhas feitas, um estudo de avaliação do ciclo de vida enfrenta geralmente problemas de coerência com a literatura, devido à grande variedade de práticas atualmente utilizadas. medida que o domínio da ACV se desenvolve e se formaliza, pode continuar a florescer uma vasta gama de práticas, mas os problemas de coerência podem ser gradualmente eliminados através de melhores normas de classificação e comunicação. Em geral, o domínio da ACV como um todo é limitado pela disponibilidade e qualidade dos dados. Os dados devem ser precisos, completos e geograficamente representativos para garantir que o resultado efetivo seja o mais exato possível. Existem grandes variações na recolha de dados, bem como lacunas de dados conhecidas e desconhecidas. Os dados ambientais do processo não são normalmente recolhidos na maioria das indústrias, embora esta situação esteja a mudar rapidamente. No entanto, por vezes, os dados ambientais podem não ser disponibilizados publicamente sob qualquer forma devido à sensibilidade dos próprios dados ou à propriedade intelectual que pode ser divulgada com os dados.

Outra limitação importante da ACV tem a ver com a escolha dos impactos comunicados. O sistema A pode ter menos emissões potenciais de aquecimento global do que o sistema B, mas o sistema B pode ser a melhor opção ambiental se o smog fotoquímico tiver mais peso ou for a única métrica do impacto ambiental escolhido. Além disso, existem muitas categorias de impactos ambientais, como a polinização ou a perda de habitats, que não fazem atualmente parte da metodologia das ACV, devido à falta de conhecimentos necessários para correlacionar quantitativamente as acções com os impactos. Mesmo dentro de uma única categoria de impacte, pode haver diferenças nas classificações ambientais.

Um estudo escrito por Finnveden (2000) é uma boa fonte de informação sobre várias outras limitações da ACV, incluindo problemas de afetação, emissões persistentes e diferenças na caraterização. Finalmente, a avaliação do ciclo de vida, tal como aqui descrita, é considerada uma ACV atributiva, por oposição à ACV consequencial, que trata dos efeitos macro de uma tecnologia ou atividade específica. A ACV atributiva pode ser descrita como um estudo das caraterísticas ambientais de um sistema estático, enquanto a ACV consequencial tem como objetivo quantificar os impactos futuros ou marginais das escolhas feitas hoje (Weidema et al. 1999). Estas duas formas de ACV podem produzir resultados significativamente diferentes. Por exemplo, um novo processo de fabrico de aço pode reduzir a procura de energia do aço, diminuindo simultaneamente o preço do aço e aumentando a taxa de produção. A consequência deste processo benéfico de atribuição pode ser um efeito de ricochete, um aumento do consumo de aço, que pode mais do que compensar as poupanças iniciais. A ACV consequencial é um subcampo emergente da ACV e enfrenta problemas ainda maiores de disponibilidade de dados, incerteza, comparabilidade e reprodutibilidade.

3.2 - Funcionamento e manutenção

De acordo com Keating et al. (2015), uma estratégia de O&M eficaz e bem planeada aumenta a probabilidade de um sistema ter um desempenho igual ou superior à taxa de produção e ao custo projectados ao longo do tempo, com a máxima eficiência possível. Por conseguinte, reforça a confiança no desempenho a longo prazo e na capacidade de geração de receitas do sistema. As práticas e abordagens de O&M não são normalizadas e são implementadas de vários modos, o que aumenta o custo e os riscos para as fontes de financiamento e os investidores. As consequências específicas das variações nas práticas de O&M incluem

1. As métricas de desempenho são definidas de forma diferente para diferentes sistemas e diferentes estratégias de O&M. Um sistema caracterizado por uma garantia de fornecimento de 1.000 MWh/ano seria difícil de comparar e agrupar com outro que tem uma garantia de estar operacional 90% do tempo. Os investidores precisam de métricas de desempenho e métodos de avaliação claros.
2. As práticas e a prestação de serviços de O&M também diferem, e os investidores precisam de saber que um sistema existente foi mantido de acordo com definições, calendarização e critérios normalizados.
3. As diferenças nos tipos de sistemas e também a localização geográfica e as condições climatéricas podem também ter um enorme impacto no tipo de estratégia ou prática de O&M necessária. Os investidores querem saber quanto custará efetuar a O&M necessária e garantir o desempenho do investimento. As estimativas de custos devem ser uniformes e previsíveis para poderem ser agrupadas, mas devem refletir os factores que fazem variar os custos de O&M de local para local.

Muitos investidores e partes interessadas estão mais interessados em reduzir os riscos do que em maximizar a taxa interna de rendibilidade (TIR). Os investidores preferem uma TIR de 5% com 100% de certeza a uma TIR de 10% com 50% de certeza, embora as duas tenham um valor estatisticamente equivalente. Os investidores tomarão uma decisão de investimento baseada na atenuação do risco de desempenho com uma O&M eficaz e, em seguida, as taxas de financiamento serão determinadas principalmente pela concorrência de outros bancos. Os sistemas solares fotovoltaicos e as turbinas eólicas terão estratégias e técnicas de O&M diferentes. Cada um deles tem também vários métodos que permitem reduzir os riscos e os custos. No capítulo 3.3.1, serão apresentadas as principais caraterísticas, factores e definições dos planos de operação e manutenção. Cada sistema descrito no presente documento terá uma secção separada (secções 3.3.4.1 e 3.3.4.2) que apresenta uma proposta de abordagem de um plano de O&M adequado.

3.2.1 - Caraterísticas principais

Os dois sistemas de energias renováveis analisados neste estudo são designados por "activos". Na indústria de operação e manutenção, todos os sistemas ou entidades que requerem manutenção são considerados como activos. A gestão de activos é um processo sistemático de planeamento, operação, manutenção, modernização e substituição de activos de forma eficaz, com o mínimo de risco e com os níveis de serviço esperados ao longo dos ciclos de vida dos activos; contém, portanto, todas as práticas de O&M (Keating et al. 2015).

O funcionamento dos sistemas de energias renováveis inclui os cinco domínios seguintes (Parte 2013):

1. **Administração das operações**: Assegura a implementação e o controlo efectivos das actividades de O&M, incluindo o arquivo de desenhos "as-built", inventários de equipamentos, manuais do proprietário e de funcionamento e garantias. Inclui também a manutenção de registos de

medidas de desempenho e de O&M, a preparação de âmbitos de trabalho e de critérios de seleção de prestadores de serviços, a celebração de contratos com fornecedores e prestadores de serviços, o pagamento de facturas, a preparação do orçamento e a garantia de financiamento e de planos de emergência para as actividades de O&M.

2. **Condução de operações**: Assegura operações de processo eficientes, seguras e fiáveis, incluindo a tomada de decisões sobre acções de manutenção com base numa análise de custo/benefício. Isto inclui servir como ponto de contacto para o pessoal relativamente ao funcionamento do sistema fotovoltaico;

   coordenar com outros a operação do sistema; inspecionar o trabalho e aprovar as facturas. Entretanto, as operações incluem qualquer operação diária do sistema para maximizar o fornecimento de energia, gerir cortes ou ajustar definições como o fator de potência.

3. **Diretivas para a execução do trabalho**: Especifica as regras e disposições destinadas a garantir que a manutenção é efectuada de forma segura e eficiente, incluindo a formalização e a aplicação de: política de segurança (incluindo formação em segurança CC e CA, segurança em telhados, requisitos mínimos de tripulação, arco voltaico, bloqueio, etiquetagem, etc.); horas de trabalho; acesso ao local, áreas de repouso e estacionamento; e quaisquer outras estipulações ao abrigo das quais o trabalho é efectuado. Isto inclui a confirmação e o controlo das qualificações dos prestadores de serviços. Inclui também o cumprimento de quaisquer políticas ambientais ou a nível das instalações relativamente ao manuseamento de materiais controlados, tais como solventes, herbicidas e insecticidas.

4. **Monitorização**: Mantém o sistema de monitorização e a análise dos dados

resultantes para se manter informado sobre o estado do sistema. Inclui a comparação dos resultados da monitorização do sistema com as expectativas de referência e a apresentação de relatórios às partes interessadas da instalação.

5. **Conhecimentos, protocolos e documentação dos operadores**: Assegura que o conhecimento, a formação e o desempenho do operador apoiarão o funcionamento seguro e fiável da instalação. Informações como desenhos eléctricos, especificações de peças, manuais, informações de desempenho e registos devem ser mantidos de forma deliberada.

Além disso, existem vários tipos de **estratégias de manutenção** que foram introduzidas no sector em diferentes datas da cronologia. Segue-se uma breve descrição de cada uma delas:

1. **Manutenção de avarias (BM):** Refere-se à estratégia de manutenção em que a reparação é efectuada depois de o sistema ou peça ter falhado ou parado, ou após a ocorrência de um declínio grave no desempenho. Esta estratégia de manutenção foi adoptada principalmente nas organizações de produção, em todo o mundo, antes de 1950. Nesta fase, a manutenção de sistemas e máquinas é efectuada apenas quando a sua reparação é drasticamente necessária. Este conceito tem a desvantagem de provocar paragens não planeadas, danos excessivos, problemas com peças sobresselentes, custos de reparação elevados, tempo de espera e de manutenção excessivos e problemas elevados de resolução de problemas (Telang 1998).

2. **Manutenção preventiva (MP):** Este conceito foi introduzido em 1951 e é uma espécie de controlo físico do equipamento para evitar a sua avaria e prolongar a vida útil do sistema. A PM inclui actividades de manutenção

que são realizadas após um determinado período de tempo ou quantidade de utilização da máquina (Herbaty 1990). Durante esta fase, a função de manutenção é estabelecida e as actividades de manutenção baseadas no tempo (TBM) são geralmente aceites (Pai 1997). Este tipo de manutenção baseia-se na probabilidade estimada de o equipamento avariar ou sofrer uma deterioração do seu desempenho num determinado intervalo de tempo. Os trabalhos preventivos efectuados podem incluir a lubrificação do equipamento, a limpeza, a substituição de peças, o aperto e o ajustamento. O equipamento de produção pode também ser inspeccionado para detetar sinais de deterioração durante os trabalhos de manutenção preventiva (Telang 1998).

3. **Manutenção preditiva (PdM):** A manutenção preditiva é frequentemente designada por manutenção baseada no estado (CBM). A manutenção baseada nas condições é a prática que consiste em utilizar informações em tempo real provenientes de registadores de dados para programar medidas preventivas, antecipando falhas ou detectando-as precocemente. Nesta estratégia, a manutenção é iniciada em resposta a uma condição específica do equipamento ou à deterioração do desempenho (Vanzile & Otis 1992). As técnicas de diagnóstico são utilizadas para medir o estado físico do equipamento, como a temperatura, o ruído, a vibração, a lubrificação e a corrosão (Brook 1998). Quando um ou mais destes indicadores atingem um nível de deterioração pré-determinado, são empreendidas acções de manutenção para repor o equipamento no estado desejado. Isto significa que o equipamento só é retirado de serviço quando existem provas diretas de que se verificou uma deterioração. A manutenção preditiva baseia-se no mesmo princípio que a manutenção preventiva, embora utilize um critério diferente para determinar a necessidade de actividades de manutenção específicas. O benefício adicional advém da necessidade de efetuar a manutenção apenas quando a necessidade é iminente e não após a

passagem de um determinado período de tempo (Herbaty 1990).

4. **Manutenção corretiva (CM):** Trata-se de uma estratégia, introduzida em 1957, em que o conceito de prevenção de falhas do equipamento é alargado para ser aplicado à melhoria do equipamento, de modo a que a falha do equipamento possa ser eliminada (melhorando a fiabilidade) e o equipamento possa ser facilmente mantido (melhorando a facilidade de manutenção do equipamento) (Schonberger 1996). A principal diferença entre a manutenção corretiva e a manutenção preventiva é que deve existir um problema antes de serem tomadas medidas corretivas. O objetivo da manutenção corretiva consiste em melhorar a fiabilidade, a facilidade de manutenção e a segurança do equipamento; melhorar os pontos fracos da conceção (material, formas); reformar a estrutura do equipamento existente; reduzir a deterioração e as falhas e procurar obter um equipamento isento de manutenção. A informação sobre a manutenção, obtida a partir da CM, é útil para a prevenção da manutenção do próximo equipamento e para a melhoria das instalações de fabrico existentes (Higgins et al. 1995). É importante criar mecanismos para fornecer o feedback das informações de manutenção.

5. **Prevenção da manutenção (MP):** Introduzida na década de 1960, trata-se de uma atividade em que o equipamento é concebido de forma a não necessitar de manutenção e em que se alcança uma condição ideal final "do que o equipamento e a linha devem ser" (Schonberger 1996). No desenvolvimento de novos equipamentos, as iniciativas de MP devem começar na fase de conceção e devem ter como objetivo estratégico assegurar um equipamento fiável, fácil de cuidar e de utilizar, de modo a que os operadores possam facilmente reequipar, ajustar e executar outras tarefas (Shirose 1992). A prevenção da manutenção funciona frequentemente com base na experiência adquirida com as falhas anteriores

do equipamento, com o mau funcionamento do produto, com o feedback das áreas de produção, dos clientes e das funções de marketing, para garantir um funcionamento sem problemas dos sistemas de produção existentes ou novos.

6. **Manutenção centrada na fiabilidade (RCM):** A manutenção centrada na fiabilidade foi também fundada nos anos 60, mas inicialmente orientada para a manutenção de aviões e utilizada pelos fabricantes de aviões, companhias aéreas e governo (Dekker 1996). A RCM pode ser definida como um processo estruturado e lógico para desenvolver ou otimizar os requisitos de manutenção de um recurso físico no seu contexto de funcionamento, de modo a obter a sua "fiabilidade inerente", em que "fiabilidade inerente" é o nível de fiabilidade que pode ser alcançado com um programa de manutenção eficaz. A RCM é um processo utilizado para determinar os requisitos de manutenção de qualquer ativo físico no seu contexto operacional, identificando as funções do ativo, as causas das falhas e os efeitos das falhas. A RCM emprega uma filosofia lógica de sete etapas de revisão para enfrentar estes desafios (Samanta et al. 2001). As etapas incluem a seleção de áreas da fábrica que são significativas, a determinação de funções-chave e padrões de desempenho, a determinação de possíveis falhas de função, a determinação de modos de falha prováveis e seus efeitos, a seleção de tácticas de manutenção viáveis e eficazes, a programação e implementação de tácticas selecionadas e a otimização de tácticas e programas (Moubray 1997). As várias ferramentas utilizadas para afetar a melhoria da manutenção incluem a análise dos modos de falha e dos efeitos (FMEA), a análise dos modos de falha e da criticidade (FMECA), a análise dos perigos físicos (PHA), a análise da árvore de falhas (FTA), a otimização da função de manutenção (OMF) e a análise dos perigos e da operacionalidade (HAZOP).

7. **Manutenção produtiva (PrM):** O objetivo da manutenção produtiva é

aumentar a produtividade de uma empresa, reduzindo o custo total do equipamento ao longo de toda a sua vida útil, desde a conceção, fabrico, operação e manutenção, e as perdas causadas pela degradação do equipamento (Wakaru 1988). As principais caraterísticas desta filosofia de manutenção são a fiabilidade e a facilidade de manutenção do equipamento, bem como a consciência dos custos das actividades de manutenção. A estratégia de manutenção que envolve todas as actividades destinadas a melhorar a produtividade do equipamento através da realização de manutenção preventiva, manutenção corretiva e prevenção da manutenção ao longo do ciclo de vida do equipamento é designada por manutenção produtiva (Bhadury 1988).

8. **Sistemas informatizados de gestão da manutenção (CMMS):** Os sistemas informatizados de gestão da manutenção ajudam a gerir uma vasta gama de informações sobre a mão de obra de manutenção, os inventários de peças sobresselentes, os calendários de reparação e o historial dos equipamentos. Podem ser utilizados para planear e programar ordens de trabalho, para acelerar o envio de pedidos de avaria e para gerir o volume de trabalho global da manutenção. O CMMS também pode ser utilizado para automatizar a função PM e para ajudar no controlo dos inventários de manutenção e na compra de materiais. O CMMS tem potencial para reforçar as capacidades de elaboração de relatórios e de análise (Hannan & Keyport 1991). A capacidade do CMMS para gerir a informação de manutenção contribui para melhorar a comunicação e as capacidades de tomada de decisão no âmbito da função de manutenção (Higgins et al. 1995). A acessibilidade da informação e as ligações de comunicação no CMMS permitem uma melhor comunicação das necessidades de reparação e das prioridades de trabalho, uma melhor coordenação através de relações de trabalho mais estreitas entre a manutenção e a produção e uma maior capacidade de resposta da manutenção (Dunn & Johnson 1991).

9. **Manutenção produtiva total (TPM):** A TPM é uma filosofia japonesa

única, que foi desenvolvida com base nos conceitos e metodologias da Manutenção Produtiva. Este conceito foi introduzido pela primeira vez pela Nippon Denso Co. Ltd. do Japão, um fornecedor da Toyota Motor Company, Japão, no ano de 1971. A Manutenção Produtiva Total é uma abordagem inovadora da manutenção que optimiza a eficácia do equipamento, elimina as avarias e promove a manutenção autónoma pelos operadores através de actividades diárias que envolvem a totalidade da mão de obra (Bhadury 1988).

3.2.2 - Melhorar a fiabilidade do sistema

Melhorar a fiabilidade de qualquer sistema é sempre uma prioridade máxima para as partes interessadas e os proprietários, pelo que é sempre uma abordagem fundamental reconhecer os factores que conduzem a uma melhoria da fiabilidade do sistema, tais como

Identificar os componentes críticos:
Em qualquer sistema complexo de energias renováveis, certos componentes destacar-se-ão como itens de alto risco, quer porque são "pontos fracos" que se demonstrou serem propensos a falhas, quer porque são absolutamente essenciais para o funcionamento do sistema, ou porque são dispendiosos e demorados a diagnosticar e reparar. A identificação dos componentes críticos permite que o pessoal de O&M dirija os seus esforços de monitorização, formação, inventário e logística para as áreas que trarão mais benefícios. Embora, em certa medida, os componentes críticos dependam do fabricante, da configuração e do ambiente de funcionamento, certos candidatos a atenção (caixas de velocidades, inversores, geradores e conversores de energia, por exemplo) são bem conhecidos em todo o sector. Os componentes menores, embora talvez menos dispendiosos de substituir ou reparar, podem ser elevados a um estado crítico se a sua frequência de falha

for elevada.

Caracterizar os modos de falha:

A compreensão do modo de falha permite que o pessoal de manutenção concentre os esforços de monitorização e, potencialmente, atrase ou evite falhas catastróficas. Por exemplo, num sistema de turbinas eólicas, um curto-circuito do gerador pode ser difícil de prever, mas o desgaste dos rolamentos ou das engrenagens da caixa de velocidades pode ser detectado precocemente com uma monitorização escrupulosa dos lubrificantes e/ou uma monitorização do "estado", e a progressão dos danos pode ser atenuada com mudanças de óleo mais frequentes ou uma melhor filtragem. Num sistema solar fotovoltaico, a sujidade no painel pode causar uma reação química e provocar a libertação de fumos nocivos. A compreensão da forma como uma avaria progride em cada sistema é essencial para garantir que o pessoal evita danos consequentes devido a uma rutura imprevista.

Determinar a causa principal:

Embora o operador do sistema possa estar principalmente interessado em substituir um componente avariado e voltar a colocar a sua máquina em funcionamento, uma avaria representa sempre uma oportunidade de melhoria. A maioria dos fabricantes de sistemas de energia renovável inclui a análise de falhas como uma parte essencial do seu processo de melhoria contínua da qualidade. A avaliação da causa principal de uma falha de um componente importante é essencial para determinar se a falha se deve à qualidade de fabrico, à aplicação incorrecta do produto, a um erro de conceção ou a pressupostos de conceção inadequados. Esta informação, por sua vez, ajuda o fabricante a determinar se o problema é um caso isolado ou um problema sistémico que pode resultar em falhas em série. Neste último caso, serão necessárias adaptações ou reconfigurações e será desenvolvido um plano de substituição no terreno.

3.2.3 - Reduzir os custos de manutenção

Há vários aspectos introdutórios que, quando reconhecidos, podem levar a uma redução valiosa dos custos de operação e manutenção. Esses aspectos são descritos a seguir:

Desenvolver um plano de logística:

Um plano logístico abrangente permite ao pessoal de O&M lidar eficazmente com os problemas de avaria quando estes ocorrem e minimizar o tempo de inatividade do sistema. No mínimo, um plano de logística ajudará a reparar uma avaria ou a tornar a manutenção mais eficiente e listará as tarefas necessárias para efetuar uma reparação. Um plano exaustivo antecipará as falhas prováveis e preparará um inventário de peças sobressalentes, mão de obra e equipamento.

Identificar oportunidades de redundância:

Atualmente, os sistemas redundantes em sistemas comerciais de energias renováveis estão limitados aos necessários para garantir a segurança operacional, tais como fontes de alimentação ininterruptas para o sistema de controlo e energia de reserva. Potencialmente, existem outras áreas em que a redundância pode reduzir os custos de mão de obra com uma despesa adicional mínima. A atratividade dos sistemas de reserva aumentará com a inacessibilidade do equipamento, especialmente quando os sistemas forem instalados em locais mais remotos ou no mar.

Melhorar a formação:

A formação completa do pessoal é essencial para uma manutenção correta e para um diagnóstico eficaz de falhas e avarias. A maioria dos fabricantes de sistemas fotovoltaicos e de turbinas oferece formação abrangente aos seus próprios técnicos, bem como ao pessoal do proprietário do local. Frequentemente, o pessoal experiente do local do sistema terá trabalhado com a equipa do fabricante durante o período de garantia ou terá trabalhado como técnico. À medida que novas tecnologias estão a ser introduzidas na última geração de sistemas de energia renovável, as competências exigidas aos técnicos de manutenção aumentaram de âmbito. Enquanto os sistemas mecânicos e hidráulicos se mantiveram relativamente constantes, os sistemas de diagnóstico, controlo e eletrónica de potência tornaram-se cada vez mais complexos. Os operadores têm de tomar decisões estratégicas relativamente à profundidade das competências que pretendem investir no seu pessoal, em vez de recorrerem a consultores e prestadores de serviços quando necessário.

Melhorar a capacidade de manutenção:

A facilidade de manutenção refere-se à facilidade e eficiência relativas da execução de tarefas associadas à manutenção do sistema, incluindo o serviço de rotina e as reparações não planeadas. O pessoal de manutenção é muito bom a encontrar formas eficientes de efetuar tarefas de rotina e, muitas vezes, tem um conhecimento do equipamento que só pode ser obtido através da experiência prática. As suas sugestões e comentários devem ser regularmente incorporados no processo de melhoria contínua. A capacidade do pessoal para diagnosticar problemas e selecionar a ação corretiva adequada é um dos principais factores que contribuem para o tempo de resposta a avarias do equipamento. Os fabricantes de PV e de turbinas estão bem cientes deste facto e, geralmente, incluem extensas tabelas de resolução de problemas para ajudar o pessoal a isolar os problemas. A maioria dos sistemas de controlo inclui alguma informação de diagnóstico sobre o estado dos vários subsistemas e, muitas vezes, está disponível uma memória de histórico para permitir uma revisão dos acontecimentos que conduziram a uma avaria. Alguns fabricantes estão a incorporar a monitorização remota de projectos numa localização central com especialistas, que depois contactam o pessoal no local com recomendações para a resolução de um problema. Esta concentração de conhecimentos e experiência é preferível para desenvolver sistemas especializados de diagnóstico de problemas e também para fechar rapidamente o ciclo entre a experiência no terreno e as melhorias no projeto. Outro aspeto da facilidade de manutenção que tem merecido maior atenção nos últimos anos é a vantagem da modularidade. Por exemplo, estão a ser desenvolvidas várias configurações de turbinas que utilizam vários geradores e redutores na unidade de tração em vez de uma unidade maior. O principal argumento para esta disposição é o facto de ser possível remover e substituir as unidades utilizando o equipamento que está permanentemente instalado na nacela, evitando assim os elevados custos de trazer uma grua móvel. As vantagens secundárias são a possibilidade de funcionar com potência reduzida se apenas uma unidade modular falhar, e o custo reduzido de inventário para unidades mais pequenas. Simultaneamente, são promovidas configurações de turbinas de acionamento direto que utilizam unidades de acionamento totalmente integradas, com o eixo principal, rolamentos e gerador concebidos numa única estrutura. Neste caso, uma falha de qualquer componente do sistema de acionamento pode exigir a desmontagem de todo o sistema de acionamento e do rotor. Entre estes extremos estão as configurações que combinam os componentes da unidade de tração, mas que permitem a desmontagem e, em alguns casos, a renovação no interior da nacela sem necessidade de desmontagem. As vantagens de manutenção das configurações modulares devem ser ponderadas em relação ao aumento do potencial de falhas devido ao aumento do número de peças. No entanto, também se pode argumentar que o risco associado a unidades mais pequenas que utilizam peças de "stock" e métodos de fabrico convencionais é cumulativamente menor do que o risco associado a componentes personalizados muito grandes e a técnicas de fabrico que podem não estar totalmente desenvolvidas. A incorporação da modularidade também deve ser ponderada em relação à complexidade acrescida inerente às múltiplas interfaces e ao custo adicional de fixação necessário para a desmontagem.

Implementar a monitorização da condição:

A monitorização da condição é um componente essencial de um programa de manutenção eficaz. Um programa de monitorização abrangente fornece informações de diagnóstico sobre o estado dos vários sistemas e alerta o pessoal de manutenção para as tendências que podem estar a evoluir para falhas ou avarias críticas. Esta informação pode ser utilizada para programar tarefas de manutenção ou reparações antes que o problema se agrave e resulte numa falha grave ou em danos consequentes, com o consequente tempo de inatividade e perda de receitas. Em alguns casos, podem ser planeadas medidas corretivas para mitigar o problema. Um exemplo é a filtragem do óleo da caixa de velocidades se a monitorização indicar níveis de contaminação inaceitáveis. Noutros casos, como a indicação de uma fissura estrutural, podem ser implementadas medidas para acompanhar a progressão do problema. No pior caso de uma falha grave iminente, a monitorização do estado pode ajudar o pessoal de manutenção no planeamento logístico para otimizar a utilização de mão de obra e equipamento e minimizar o custo de uma reparação ou substituição. A monitorização do estado divide-se em duas categorias: monitorização off-line e on-line. A monitorização off-line requer que a máquina seja retirada de serviço para permitir a inspeção pelo pessoal de manutenção. Geralmente, estas inspecções fora de linha são programadas a intervalos regulares e consistem em procedimentos de rotina. A monitorização fora de linha é uma prática corrente nos sistemas comerciais de energias renováveis. A manutenção programada inclui geralmente a verificação dos níveis e da qualidade dos fluidos; a inspeção das juntas estruturais e dos elementos de fixação; a medição de elementos de desgaste, como calços de travões, casquilhos e vedantes; e verificações funcionais dos sistemas de segurança e de controlo. A monitorização em linha oferece várias vantagens em relação à monitorização fora de linha. Em primeiro lugar, a observação em linha fornece uma visão mais profunda do desempenho dos sistemas sob carga e pode alertar o pessoal de manutenção para tendências a longo prazo e eventos a curto prazo que podem não ser óbvios com uma "verificação pontual". Em segundo lugar, a monitorização em linha pode ser incorporada nos sistemas SCADA para acionar automaticamente os alarmes adequados e alertar o pessoal quando ocorre um problema. Esta caraterística é essencial para o funcionamento do sistema sem supervisão, especialmente em locais remotos ou inacessíveis.

3.2.4 - Abordagem proposta de O&M

Como o objetivo deste estudo é fornecer uma base para a comparação de dois sistemas de energia renovável, que são os sistemas solar e eólico, respetivamente, é essencial incluir uma comparação relativa à sua operação e manutenção. Os serviços de O&M são oferecidos com muitas abordagens e calendários diferentes, mas com uma pesquisa cuidadosa e um estudo da avaliação do risco dos componentes, é desenvolvido um calendário proposto de manutenção e tarefas para cada sistema, incluindo os preços reais cobrados pelas empresas de manutenção.

C3.2.4.1 - Sistema solar fotovoltaico

Esta secção da tese aborda as questões dos sistemas solares fotovoltaicos e os aspectos que permitem às partes interessadas desenvolver uma compreensão das práticas de O&M dos sistemas fotovoltaicos. É comum pensar-se que os sistemas solares fotovoltaicos requerem muito pouca ou quase nenhuma manutenção. Esta afirmação é parcialmente verdadeira, mas ao mesmo tempo pode ser muito enganadora. É parcialmente verdadeira no sentido de exigir pouca manutenção, mas a afirmação é enganadora no sentido da quantidade de despesas (normalmente caras) que são necessárias para levar a cabo um plano de O&M adequado. No entanto, apesar de as despesas de manutenção fotovoltaica serem moderadas a elevadas, os sistemas fotovoltaicos continuam a crescer em população e estão a ser continuamente melhorados com o aparecimento de novas tecnologias. Tendo em conta este crescimento e a maturação contínua do mercado FV, é essencial que a indústria e outras partes interessadas se concentrem na operação e manutenção dos sistemas. Prevê-se que a vida útil dos sistemas FV seja de 25 anos, pelo que uma manutenção segura e adequada é parte integrante de um funcionamento bem sucedido e fiável. A operação e manutenção do sistema (O&M) é uma área vasta e é o foco contínuo de vários grupos de trabalho da indústria/governo/laboratórios nacionais. Estes grupos definirão melhor as questões e desenvolverão abordagens de O&M consensuais ao longo dos próximos anos.

Problemas, erros e perigos

Todas as máquinas e todos os tipos de sistemas têm normalmente um certo conjunto de problemas e erros que podem ocorrer, bem como perigos que podem surgir da ocorrência desses problemas. Esta secção destaca as possibilidades de risco encontradas ao longo da história em sistemas de energia solar semelhantes anteriores.

- **Degradação natural:** Independentemente do tipo de ambiente em que o sistema é colocado, os painéis solares degradar-se-ão devido a processos actuados pela natureza devido aos materiais de que o painel é feito. A isto chama-se degradação natural e é completamente normal que todas as células solares sofram uma vez em funcionamento. Tanto os painéis de silício monocristalino como policristalino degradam-se a uma taxa média de cerca de 0,7% de degradação por ano, com um valor médio de 0,5% por ano (Jordan & Kurtz 2013). As grandes empresas de fabrico de painéis solares oferecem normalmente garantias se as taxas de degradação excederem determinados valores. Um painel solar necessita normalmente de ser substituído se os valores de degradação excederem 0,8% num determinado ano. Um painel de qualidade superior terá menos degradação natural e a qualidade do painel melhora geralmente com o tempo. Embora a degradação natural não seja um problema evitável, é importante compreendê-la porque afecta diretamente a potência de saída dos painéis. Ao longo do tempo, o sistema fotovoltaico produzirá menos energia, o que significa que se ganhará menos dinheiro (Sharma et al. 2013).

- **Fim de vida:** O desmantelamento de um sistema fotovoltaico quando chega ao fim da sua vida útil é muitas vezes um aspeto negligenciado com impactos substanciais que devem ser tidos em consideração. Para sistemas residenciais, não é um problema tão grande, mas para um sistema comercial de 1 MW composto por aproximadamente 1.000 painéis, todos aparafusados à terra com parafusos galvanizados, seria necessária muita mão de obra para desenraizar e eliminar os materiais; embora atualmente, quando um sistema solar fotovoltaico atinge o seu fim de vida, nem todos os materiais sejam removidos e eliminados, por exemplo, a estrutura da fundação permanece intacta para o próximo sistema fotovoltaico mais recente que substituirá o antigo. Apenas os painéis solares são removidos e separados das suas estruturas para reciclagem e reutilização (Robert 2013), o que se deve ao aumento constante da procura de energia. Além disso, há também custos de transporte, bem como outros custos para a eliminação de material grande e volumoso. As opções de reciclagem, bem como os potenciais riscos químicos no final da vida útil do sistema, são discutidos abaixo.

    o **Reciclagem:** A melhor opção para tratar qualquer sistema depois de este se ter aproximado da sua fase de fim de vida é a reciclagem. Infelizmente, a reciclagem de sistemas fotovoltaicos (particularmente painéis fotovoltaicos) não é uma tarefa fácil nem comum. O problema atual com a reciclagem é que apenas algumas partes do conjunto podem ser recicladas, e a separação dessas partes exige mais mão de obra e tempo. O principal objetivo dos fabricantes de painéis fotovoltaicos é baixar o seu custo, utilizando materiais menos dispendiosos nos painéis. Mas, à medida que a quantidade de materiais valiosos diminui, normalmente têm de ser utilizados materiais mais baratos e em maior quantidade para compensar a utilidade dos materiais de melhor qualidade. À medida que mais tipos de materiais estão presentes num painel, torna-se cada vez mais difícil reciclar. Este facto leva a grandes quantidades de resíduos resultantes dos sistemas fotovoltaicos, porque os interessados não querem desperdiçar dinheiro a reciclar materiais baratos e altamente misturados. Anctil e Fthenakis (2014) previram que os painéis mais complexos e abundantes em terra não seriam reciclados sem quaisquer incentivos políticos, como a obrigatoriedade de retoma pelo fabricante. À medida que o grande fluxo de instalações comerciais que surgiram nos últimos 5 anos se aproxima da fase de fim de vida, é possível que comecem a surgir incentivos políticos. São estes incentivos, ou a falta deles, que farão com que as instalações se tornem um encargo financeiro e acabem em aterro, ou sejam recicladas (Goe et al. 2012). Em 2012, foi aplicada uma nova lei denominada Diretiva REEE (Resíduos de Equipamentos Eléctricos e Electrónicos). Esta lei especifica que os fabricantes de módulos solares são obrigados a aceitar gratuitamente os módulos usados dos consumidores e a reciclá-los (Robert 2013).

- **Riscos químicos:** As partes mais frequentemente recicladas de um painel fotovoltaico são a estrutura de alumínio e a cobertura de vidro. Estas não representam qualquer ameaça para o ambiente durante o seu processo de reciclagem. A maior ameaça que pode surgir da reciclagem de painéis solares cristalinos é a das soldas que contêm chumbo. Quando o chumbo é lixiviado, transforma-se numa substância altamente tóxica que pode poluir o ar e a água potável (Brouwer et al. 2011).

- **Ligação à terra e proteção contra raios:** Tal como acontece com qualquer grande estrutura de energia renovável, um sistema de proteção contra raios é de grande importância. Um estudo de Charalambous et al. (2014) mostra que existem múltiplos aspectos de um sistema fotovoltaico que devem ser tidos em conta para criar um sistema eficaz de proteção contra raios. O primeiro é criar algum tipo de sistema de ligação à terra para redirecionar a energia do raio para o solo e para longe dos painéis. A Tabela (3.5) é um gráfico que especifica o tipo de material preferido que deve ser utilizado para o sistema de ligação à terra, dependendo do tipo de sistema de bastidor utilizado pelo conjunto.

Tabela 3.5: Materiais de ligação à terra (Charalambous et al. 2014)

Tipo de Fundação	**Material para sistemas de ligação à terra cravados no solo.**
Aço galvanizado diretamente enterrado no solo	Aço galvanizado, Aço inoxidável
Perfil de aço embutido no betão	Aço revestido a cobre, Cobre, Aço inoxidável
Bloco de betão armado colocado acima do nível do solo	Aço galvanizado, Aço revestido a cobre, Cobre, Aço inoxidável
Reforçado fundação de betão no solo	Aço revestido a cobre, cobre, aço inoxidável.

Se o sistema de bastidor for uma haste de aço galvanizado perfurada profundamente no solo, deve ser utilizado aço galvanizado ou aço inoxidável para o sistema de ligação à terra. Mesmo com um sistema de ligação à terra adequado, uma instalação fotovoltaica pode ainda correr o risco de ser atingida por um raio. Uma vez que a energia do raio é descarregada no solo, ainda pode causar um pico de energia dentro do conjunto. Por este motivo, é necessário equipamento de proteção contra sobretensões para proteger totalmente um gerador contra raios. Nalguns casos, se o sistema de ligação à terra for suficientemente eficaz para reduzir a energia dissipada por um raio, a necessidade de utilizar mais equipamento de proteção contra sobretensões será reduzida. Uma vez que é necessário utilizar metais para criar o sistema de ligação à terra, deve ser utilizado o mesmo tipo de metal para evitar a corrosão entre diferentes tipos de metais.

- Falha de componente:

- **Painéis:** Sendo o principal componente de um sistema solar fotovoltaico, a manutenção dos painéis é a chave para atingir uma produção de energia ideal. Ao longo da vida de um sistema fotovoltaico, existem vários problemas que podem levar à falha do painel ou à perda de eficiência ideal.

    Fissuras no painel: A fissuração do painel pode ser causada por uma variedade de fontes. Impactos físicos, oscilações do vento ou problemas de fabrico podem provocar fissuras. Os painéis devem ser inspeccionados no momento da compra porque podem existir microfissuras criadas durante o processo de fabrico ou de transporte que, com o tempo, se transformarão em fissuras maiores (Sinisa et al. 2014). As fissuras reduzem a produção de energia e a eficiência do módulo porque alteram as propriedades ópticas do painel e fazem com que a luz penetre na superfície do painel de forma diferente. Normalmente, quando um painel está rachado, não pode ser reparado; apenas substituído. A figura (3.26) mostra um exemplo de fissuração do painel.

Figura 3.26: Fissuração do painel fotovoltaico (Sinisa et al. 2014)

Descoloração do painel: A descoloração visual (mostrada na Figura (3.27)) é um defeito comum que reduz a quantidade de luz solar que penetra numa célula solar, levando a uma menor produção de energia. A descoloração do painel é causada pela má qualidade do encapsulamento, altas temperaturas, humidade e, se o sistema fotovoltaico estiver localizado perto de um oceano (sal marinho). Tal como acontece com a fissuração do painel, não há muito que possa ser feito para reduzir os efeitos da descoloração, uma vez ocorrida, para além da substituição total do painel. Os painéis de qualidade superior descoloram-se menos facilmente. Não existe um método exato para ver quanta energia se perde, a não ser comparar a produção de energia antes e depois de ocorrer a descoloração.

Figura 3.27: Descoloração do painel fotovoltaico (Sinisa et al. 2014)

Pontos quentes: Existe um equívoco comum de que os painéis solares são mais eficientes em áreas com temperaturas mais elevadas. Esta afirmação é falsa devido ao facto de os painéis solares ganharem a sua eficiência com base na irradiação solar e não na temperatura. De facto, as temperaturas elevadas podem danificar os painéis e provocar pontos quentes. Os pontos quentes ocorrem quando um painel está sombreado, danificado ou eletricamente desajustado (Sinisa et al. 2014). Os pontos quentes diminuem a produção de energia e, como as células solares são fixadas em cordas, um único ponto quente pode levar ao mau funcionamento de várias células. Para resolver este problema, todas as sombras devem ser eliminadas e as ligações eléctricas devem ser optimizadas. Dependendo da gravidade de outros problemas que possam levar a pontos quentes, pode justificar-se uma substituição do painel. Os pontos quentes podem ser facilmente observados com a utilização de uma pistola de infravermelhos. A figura (3.28) mostra um exemplo de vários pontos quentes.

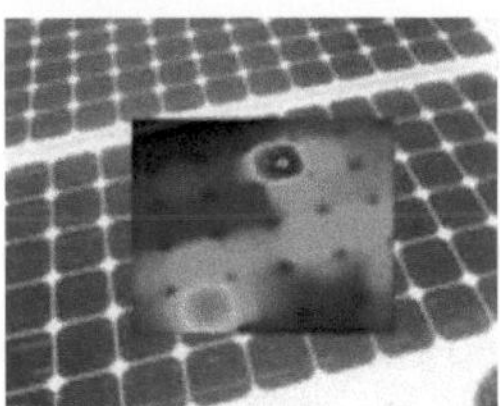

Figura 3.28: Pontos quentes no painel fotovoltaico (Sinisa et al. 2014)

- **Inversores:** O inversor é um dos componentes mais essenciais de um sistema solar fotovoltaico, sendo responsável por mudar a eletricidade criada pelos painéis solares de corrente contínua para corrente alternada. A vida útil média de um inversor é de 10 anos, com um desvio padrão de 3 anos. Foi efectuada uma grande quantidade de investigação para melhorar os inversores, e espera-se que os modelos mais recentes durem o tempo de vida útil do sistema (Fanbo et al. 2012).

Falha na monitorização: Os inversores modernos têm normalmente instrumentos de monitorização integrados na sua construção.

Normalmente, tanto a tensão como a corrente da saída eléctrica podem ser medidas. Nos modelos mais recentes de inversores, se a ligação de dados estiver avariada, poderá ser útil verificar o próprio inversor para ver se a ligação de dados está ligada e se a informação está a ser monitorizada. No entanto, para modelos mais antigos, é necessário verificar cada instrumento individual para garantir que o fluxo de dados está ativo.

- **Orientação do painel e grelha:** A orientação do painel é uma questão que deve ser abordada antes da instalação de um sistema. Os consumidores devem certificar-se de que o instalador está a tomar as medidas necessárias para determinar a orientação ideal do painel. Se a instalação estiver a utilizar painéis com sistemas de rastreio, então a orientação do painel é menos importante. Para painéis estáticos, é essencial ter uma orientação ideal do painel. Dependendo da localização do painel solar montado, existe um ângulo de inclinação único e um ângulo de azimute solar para otimizar a produção de energia (Yong-Shen et al. 2014).

- **Vento:** Todos os painéis solares têm de ser testados para resistir a determinadas cargas de vento. Normalmente, as cargas de vento testadas são de aproximadamente 50 mph, mas não simulam com exatidão os padrões de vento na vida real (Banks 2013). Isto deve-se ao facto de, nos testes, um painel ser colocado num túnel de vento e soprado com vento linearmente a partir de uma única direção. No campo real, os padrões de vento não são lineares e podem causar danos aos painéis solares. Isto ocorre quando estão presentes oscilações elevadas e é atingida uma frequência de vibração suficientemente grande para provocar a rutura dos painéis. Tal como referido por Banks (2014), muitos padrões de vento são circulares (vórtices) e provocam a elevação sob os painéis solares. A parte mais vulnerável de um painel são os cantos e, muitas vezes, dependendo da orientação do ambiente e da posição dos painéis, este pode ser um fator decisivo para saber se o painel sobreviverá ou não ao vento ao longo de uma vida útil de 20-25 anos. É necessário que um profissional certificado crie uma simulação precisa da dinâmica dos fluidos para verificar se os painéis são suficientemente resistentes ou não. Normalmente, os instaladores estão muito bem informados sobre as cargas de vento e, através de anos de experiência, serão capazes de dizer se isso será um problema.

- **Sujidade:** A sujidade é um dos problemas mais proeminentes em ambientes poeirentos.

É também muito dispendiosa, uma vez que a única forma de a resolver é limpar os painéis. Numa grande matriz comercial, a sujidade intensa pode justificar várias limpezas por ano (Sarver et al. 2013). Com um custo de alguns milhares de dólares por limpeza, ter de o fazer todos os anos durante a vida útil de um sistema fotovoltaico pode ser muito dispendioso e, em muitos casos, pode mesmo desencorajar a mudança para a energia solar. A forma ideal de lidar com a sujidade é combatê-la antes mesmo de ela acontecer. Além disso, de acordo com Mejia & Kleissl (2013), os painéis solares com ângulos de inclinação inferiores a 5 graus são mais propensos a sujidade. A figura (3.29) mostra um exemplo de sujidade.

Figura 3.29: Sujidade no painel fotovoltaico (Adinoyi & Said 2013)

Estratégia e programação de manutenção

Para garantir o funcionamento seguro do sistema fotovoltaico e permitir que este funcione com elevada eficiência, é melhor utilizar estratégias de manutenção preventiva e preditiva. O sistema deve ser inspeccionado regularmente ao longo do ano e os painéis solares devem ser limpos antes de se acumular uma grande quantidade de detritos na superfície. A tabela (3.22) abaixo mostra um calendário proposto para as actividades de manutenção e o seu custo aproximado, com base numa coleção de estudos e abordagens semelhantes. Esta abordagem foi especificamente concebida para este sistema, pelo que não pode ser justificada ou comparada com outras estratégias de manutenção, exceto no que se refere à comparação dos custos. A frequência das tarefas de manutenção necessárias e o número de trabalhadores necessários para cada tarefa são obtidos como valores médios a partir de conselhos de várias empresas de manutenção.

Tabela 3.6: Estratégia e calendário de manutenção fotovoltaica propostos

Componente	Ação de manutenção	Frequência	Observações	Trabalhadores	Custo
Painéis fotovoltaicos	Limpeza	A cada 3 meses	Limpar o pó, a sujidade e os detritos à volta e por baixo das matrizes	20	1,75 dólares por painel (1.750 dólares por visita $7.000 por ano)
	Inspeção visual	A cada 6 meses	Verificar a existência de fissuras, lascas, delaminação, corrosão, vidros embaciados e descoloração	5	$0,5 por painel ($500 por visita $1.000 por ano)
	Inspeção pormenorizada	Anual	Verificar a existência de pontos quentes utilizando a pistola de infravermelhos e a imagem térmica	2	2,94 dólares por painel ($2.940 por ano)
Cablagem e ligações	Verificar a integridade mecânica das condutas	De 5 em 5 anos	Substituir condutas danificadas ou dobradas	2	$200
	Verificar a integridade do isolamento dos cabos sem condutas	De 5 em 5 anos	Substituir os cabos danificados	2	$400
	Verificar as caixas de derivação quanto ao aperto das ligações, à humidade acumulada, às vedações da tampa, à entrada dos cabos e aos dispositivos de fixação.	Anual	Substituir os vedantes e os grampos defeituosos.	4	$100
	Verificar a posição e o ajuste do cabo	Anual	Certifique-se de que os cabos não estão excessivamente dobrados ou torcidos.	2	$50
Elétrico Caraterísticas	Medir a tensão de circuito aberto	Anual	Assegurar que ambas as	1	$10

	Medir a corrente de curto-circuito		medições têm leituras corretas		
Dispositivos de proteção	Verificar díodos e fusíveis	Anual		1	$800
	Verificar o sistema de isolamento				
	Verificar o funcionamento do sistema de proteção contra falhas à terra				
Estruturas de montagem	Verificar o aperto e a integridade dos parafusos e outros elementos de fixação	Anual	Desapertar se estiver demasiado apertado; apertar se estiver demasiado solto	4	$100
	Inspecionar a corrosão	De 5 em 5 anos	Substituir estruturas corroídas	2	$100
Inversores	Verificar os erros registados, os armários, os filtros, o funcionamento dos ventiladores, os fusíveis, o binário e a vedação das juntas	De 3 em 3 anos	Limpar os filtros e o interior do armário. Substituir as juntas de vedação e os fusíveis danificados. Certifique-se de que não existe descoloração devido a acumulação excessiva de calor.	2	$2,000
	Verificar a ligação à terra e a ligação mecânica à terra ou à parede				
Sistema de aquisição de dados	Verificar as leituras de tensão e validar se os sensores estão a funcionar corretamente	De 5 em 5 anos	Comparar as medições de irradiância, temperatura e potência para garantir	2	$3,000
			funcionamento dos sensores		

Os preços indicados no quadro (3.6) são apresentados como exemplo dos custos que uma empresa indiana de serviços de operação e manutenção de centrais solares cobra. A empresa chama-se MAC Solar Tech. Com base nos preços apresentados acima, espera-se que o investidor pague um total de $12.000 por ano pelos serviços de manutenção, e um total de $335.000 de despesas de manutenção ao longo dos 25 anos de vida do sistema.

3.2.4.2 - Sistema de turbinas eólicas

As práticas actuais de manutenção aplicadas aos sistemas de turbinas eólicas baseiam-se principalmente em estratégias de manutenção periódica ou preventiva (Barlow & Hunter 1960). No entanto, a abordagem de manutenção preventiva não tem em conta os riscos reais ou as falhas das turbinas eólicas caracterizadas pelas condições meteorológicas no local, o stress por sobrecarga, as horas de trabalho contínuo, etc. Estes factores são cruciais para reconhecer o funcionamento seguro das turbinas eólicas, e qualquer tipo de manutenção tem de ser adaptado a estas condições se se quiser minimizar os custos ou maximizar a vida útil da turbina eólica. A análise dos componentes avariados e das suas causas nas turbinas eólicas é uma área de investigação importante para melhorar a sua fiabilidade e otimizar as práticas de manutenção (Ribrant & Bertling 2007). Por outro lado, é hoje muito comum os processos industriais terem sistemas de monitorização que auxiliam sobretudo os operadores no processo de produção e manutenção. Estão a ser desenvolvidas estratégias para a integração de toda esta informação proveniente do funcionamento com um plano de manutenção, e as existentes estão a ser melhoradas. As turbinas eólicas dependem de sensores para controlar o seu funcionamento de forma autónoma a partir de um local remoto. Estes sensores são úteis não só do ponto de vista operacional, mas também do ponto de vista da manutenção (Wilkinson et al. 2007). De facto, estes sensores instalados, por vezes complementados com outros, podem ser utilizados para a monitorização do estado de saúde das turbinas eólicas (Hyers et al. 2006). A figura (3.30) abaixo mostra um exemplo da utilização de sensores na turbina eólica para monitorizar em tempo real determinadas condições que estão presentes devido a factores externos.

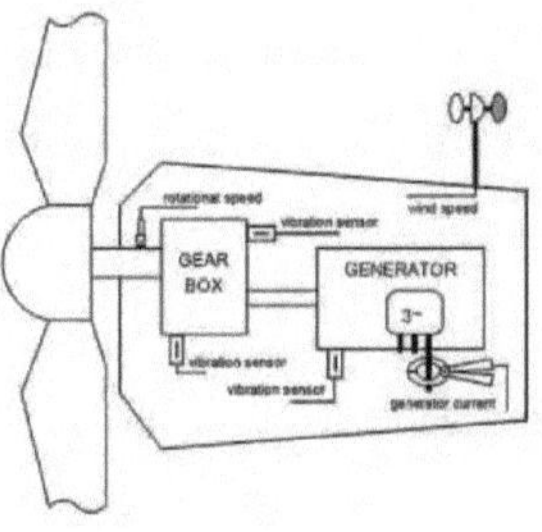

Figura 3.30: Sensores numa turbina eólica (Caselitz et al. 1996)

Factores que levam ao mau funcionamento das turbinas eólicas

- **Tempo de funcionamento da turbina:** As turbinas eólicas são estruturas extremamente grandes e, quando ligadas à rede, podem ter um impacto enorme nas flutuações de corrente. É por esta razão que as turbinas eólicas não podem ser simplesmente ligadas e desligadas de acordo com as condições de vento disponíveis e porque a rápida subida e descida do sistema aumentaria, de facto, a produção de poluição e de dióxido de carbono devido à perda adicional de eficiência das centrais eléctricas. O combustível suplementar necessário para a perda de eficiência deve ser adicionado ao combustível necessário para a construção e instalação das turbinas eólicas e para a instalação da rede de cabos eléctricos (Groot & Pair). Embora estes requisitos adicionais possam ser demasiado pequenos para serem notados quando a potência eólica instalada é uma pequena fração da capacidade total, as coisas mudam quando a capacidade eólica se torna significativa (Antoniadou et al. 2015). Por isso, o ideal é que as turbinas se mantenham ligadas, exceto quando há um intervalo de manutenção programado. Isto, por sua vez, faz com que as pás da turbina sejam sujeitas a condições climatéricas adversas e indesejadas que podem resultar na sua falha devido à elevada turbulência.

- **Acumulação de resíduos:** A acumulação de insectos mortos e de restos de penas nas pás da turbina eólica reduz para metade a potência máxima gerada pelo sistema e diminui em 25 % a potência média gerada. Além disso, a acumulação de sal e sujidade em zonas húmidas reduz a produção de energia em 30 % (Long et al. 2015).

- **Lâminas:** A parte arredondada do aerofólio da pá, chamada bordo de ataque, mostrada na figura (3.31), está diretamente virada para o vento que se aproxima. Os desenhos comuns de lâminas com cascas superiores e inferiores separadas têm uma junta de cola na linha central do bordo de ataque.

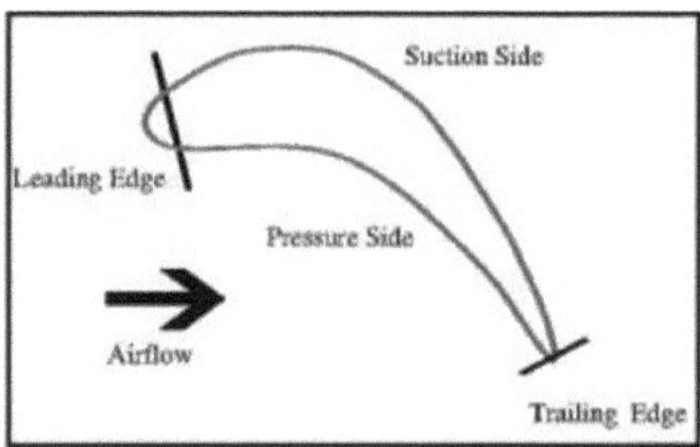

Figura 3.31: Caraterísticas das lâminas (Yang et al. 2015)

Durante o funcionamento, o bordo de ataque está exposto à erosão pelo vento, bem como ao risco de danos mecânicos na superfície. Os ciclos de carga dinâmicos podem introduzir fissuras no material de enchimento e nos arredores e fazer com que as partículas de enchimento se partam completamente (Lin et al. 2016). Além disso, a ponta da pá é especialmente moldada para um desempenho de baixo ruído e é bastante frágil. As secções da ponta da pá têm de ser inspeccionadas regularmente para detetar danos em torno dos receptores de raios que estão colocados perto da ponta, uma vez que os raios podem corroer o material compósito da pá em torno destes receptores (Verbruggen et al. 2008). Além disso, existem furos de drenagem de água localizados perto da ponta da pá que precisam de ser verificados frequentemente. Se estes orifícios estiverem totalmente obstruídos ou se a drenagem for insuficiente, a água condensada acumular-se-á no interior da secção oca da ponta. Quando isto acontece e ocorre um relâmpago, a água no interior aquece instantaneamente e transforma-se em vapor, exigindo 1.700 vezes mais volume, rasgando assim a lâmina e causando danos permanentes (Gerber et al. 2015).

- **Velocidade:** Quando há ventos fortes, o sensor de velocidade que é colocado na turbina pode funcionar mal e causar uma diferença nas leituras de rpm do gerador e do rotor (Yang et al. 2015).

- **Temperatura:** Se a temperatura da atmosfera variar rapidamente, os sensores de temperatura podem funcionar mal, o que resulta em leituras de temperatura erradas e na monitorização dos componentes da turbina. Se a temperatura no interior da nacela aumentar para uma temperatura elevada, vários componentes são também afectados, tais como os anéis deslizantes e os rolamentos de guinada. Além disso, a temperatura do óleo da caixa de velocidades tem de ser medida com precisão, porque se ficar demasiado quente, a sua vida útil diminui rapidamente e pode ser necessário substituí-lo antes da data prevista (Musial et al. 2007).

- **Erros de paragem da rede:** Estes erros não são controlados pelo pessoal do parque eólico, nem podem ser evitados por eles; são puramente controlados pelo governo nas suas distribuições de energia. Os erros de paragem da rede também podem ocorrer quando há uma estação de ventos fortes ou uma variação de tensão na linha de rede devido a uma falha na rede (Zaher et al. 2009). Uma causa adicional deste erro é a substituição de componentes na estação de receção de energia no âmbito de estratégias de manutenção de avarias ou de manutenção regular.

Estratégia e programação de manutenção para turbinas eólicas de 1 MW de dimensão comercial

A tabela (3.7) abaixo apresenta a estratégia e o calendário de operação e manutenção propostos para o sistema de turbina eólica abordado neste estudo.

Baseia-se nas estratégias de manutenção preventiva que asseguram que um sistema é regularmente verificado para evitar a ocorrência de falhas e erros.

Tabela 3.7: Estratégia e calendário propostos para a manutenção das turbinas eólicas

Componente	Ação de manutenção	Frequência	Observações	Trabalhadores	Custo
Lâminas e rotor	Limpeza	A cada 6 meses	Limpar o pó, a sujidade, a sujidade, os insectos mortos e os restos de penas das aves com água pressurizada	8	$6.000 por visita ($12.000 por ano)
	Inspeção visual	A cada 6 meses	Verificar a existência de fissuras, lascas e buracos. Cobrir com material de enchimento Verificar os orifícios de drenagem da água e limpar o filtro	4	1.500 dólares por visita ($3.000 por ano)
	Inspeção pormenorizada	Anual	Inspecionar os receptores de raios e substituí-los se estiverem danificados Verificar a existência de corrosão à volta dos receptores e tratar com produtos químicos	4	$2,500
		De 2 em 2 anos	Substituir a fita de proteção de poliuretano resistente ao desgaste e ao impacto no bordo de ataque	6	$600
Cablagem e ligações	Verificar a integridade mecânica das condutas	De 5 em 5 anos	Substituir condutas danificadas ou dobradas	4	$300
	Verificar a integridade do isolamento dos cabos sem condutas	De 5 em 5 anos	Substituir os cabos danificados	4	$600

	Verificar as caixas de derivação quanto ao aperto das ligações, à humidade acumulada, às vedações da tampa, à entrada dos cabos e aos dispositivos de fixação.	Anual	Substituir os vedantes e os grampos defeituosos.	2	$1,000
	Verificar a posição e o ajuste do cabo	Anual	Certifique-se de que os cabos não estão excessivamente dobrados ou torcidos.	2	$500
Torre	Verificar a tensão dos parafusos na secção da raiz das lâminas Inspecionar as roscas	Anual	Assegurar que os parafusos estão tão apertados quanto possível e substituir as roscas danificadas ou enferrujadas	6	$2,000
Estruturas de montagem	Verificar o aperto e a integridade dos parafusos e outros elementos de fixação	Anual	Apertar até à tensão máxima	4	$1,000
	Assegurar que o grande buraco sob a torre é adequadamente preenchido com cimento sem fissuras	De 5 em 5 anos	Preencher as fissuras com uma mistura de cimento	4	$200
Inversor e gerador	Verificar os erros registados, os filtros, o funcionamento das ventoinhas, os fusíveis, o binário e a vedação das juntas	Anual	Limpar os filtros e substituir as juntas de vedação e os fusíveis danificados. Certifique-se de que não há descoloração devido à acumulação excessiva de calor.	8	$3,000
Sistema de aquisição de dados	Verificar as leituras de tensão e validar se os sensores estão a funcionar corretamente	De 3 em 3 anos	Verificar se os sensores de velocidade e temperatura estão a funcionar corretamente	6	$2,000
Caixa de velocidades	Verificar os danos e a lubrificação das engrenagens	Anual	Renovar o óleo utilizado para a lubrificação	4	$1,000

Os preços indicados no quadro (3.7) são apresentados como um exemplo dos custos que uma empresa americana de serviços de operação e manutenção de centrais eólicas comerciais cobra. A empresa chama-se FairWind LLC. Com base nos preços apresentados acima, prevê-se que o investidor pague um total de $26.000 por ano pelos serviços de manutenção e um total de $679.600 de despesas de manutenção durante os 25 anos de vida útil do sistema.

3.3 - Eficiência e economia

Os sistemas de energias renováveis podem ajudar as comunidades a atingir os seus objectivos políticos de energia segura, fiável e acessível para expandir o acesso à eletricidade e promover o desenvolvimento. O objetivo desta secção da tese é ajudar as partes interessadas e os investidores na tomada de decisões e garantir que têm acesso a informações actualizadas e fiáveis sobre os custos e o desempenho dos sistemas de energias renováveis. Sem acesso a informação fiável sobre os custos e benefícios relativos destes sistemas, é difícil para os interessados chegarem a uma avaliação exacta da tecnologia mais adequada às suas circunstâncias particulares. A presente secção preenche uma lacuna significativa na disponibilidade de informações, uma vez que faltam dados exactos, comparáveis, fiáveis e actualizados sobre os custos e o desempenho dos sistemas de energias renováveis. O rápido crescimento da capacidade instalada dos sistemas de energia e as reduções de custos associadas resultantes de tecnologias mais recentes significam que mesmo os dados obtidos há um ou dois anos podem sobrestimar significativamente o custo da eletricidade produzida a partir de tecnologias de energias renováveis (Stolzenberger 2015). As convenções padrão sobre como calcular os custos podem influenciar significativamente o resultado e é imperativo que essas convenções sejam bem documentadas (Singh & Singh 2010). A disponibilização desta informação ajudará os governos, os decisores políticos e os investidores a tomar decisões informadas sobre o papel que as energias renováveis podem desempenhar no seu cabaz de produção de eletricidade. Esta secção examina os componentes de custos fixos e variáveis da energia solar fotovoltaica e das turbinas eólicas.

3.3.1 - Fundamentos

Segue-se uma panorâmica dos conceitos e elementos básicos da análise económica e da eficiência.

Avaliação da eficácia:

1. **Fator de capacidade:** O fator de capacidade líquida de um sistema é o rácio entre a sua produção real durante um período de tempo e a sua produção potencial, se fosse possível operar continuamente à capacidade nominal total durante o mesmo período de tempo (Birolini 1994). Para calcular o fator de capacidade, toma-se a quantidade total de energia que a central produziu durante um período de tempo e divide-se pela quantidade de energia que a central teria produzido à sua plena capacidade. Os factores de capacidade variam muito, dependendo do tipo de combustível utilizado, da conceção da central, da sua localização, fiabilidade e calendário de manutenção, e podem também estar sujeitos a restrições regulamentares e às forças do mercado.

2. **Intermitência:** Uma fonte de energia intermitente é qualquer fonte de energia ou potência eléctrica que não está continuamente disponível devido a algum fator fora do seu controlo direto (Sovacool 2009). No caso da energia solar, a luz solar nem sempre está presente devido às estações de inverno rigorosas e, à noite, em qualquer dia normal, a quantidade de luz solar presente também é afetada pela poeira e pela cobertura de nuvens. No caso da energia eólica, a potência do vento pode ser muito baixa em estações extremamente quentes e húmidas que ocorrem em regiões próximas do equador. Se a velocidade do vento for demasiado baixa (inferior a cerca de 2,5 m/s), as turbinas eólicas não conseguirão produzir eletricidade e, se for demasiado elevada (superior a cerca de 25 m/s), as

turbinas terão de ser desligadas para evitar danos. As fontes renováveis de energia solar e eólica são as duas fontes de energia mais intermitentes, mas são também as mais fiáveis de todas as energias renováveis. A energia solar fotovoltaica é capaz de gerar energia 98% do tempo (no verão nórdico, quando o sol não se põe); a energia eólica terrestre é capaz de gerar energia 98% do tempo; e a energia eólica marítima, 95% do tempo. Além disso, muitas vezes apenas um único painel solar ou uma única turbina eólica necessita de reparação ou manutenção em qualquer altura, e não todo o parque eólico ou o conjunto de painéis solares; assim, um conjunto de painéis solares ou um parque eólico à escala da rede pública é capaz de se manter em funcionamento durante a manutenção planeada ou não planeada. A intermitência não tem valor mensurável. Atualmente, no Egito, apenas 1% da energia provém de sistemas de energias renováveis, mas pretende-se atingir um objetivo diferente até 2020, que é ter 40% de energia proveniente de petróleo e gás, 20% de energia nuclear, 20% de carvão e 20% de energias renováveis, consistindo em 12% de energia eólica, 5,8% de energia hídrica e 2,2% de energia solar.

3. **Rácio de energia líquida (NER):** A análise da energia líquida na produção de energia foi introduzida como um método viável e prático para avaliar os aspectos de engenharia, económicos e ambientais dos sistemas de produção de energia. Compara o investimento total direto e indireto em energia na construção e funcionamento das centrais eléctricas com a produção de energia durante o seu tempo de vida. A análise energética na produção de energia é uma forma de avaliar a relação entre a energia de entrada e a energia de saída, em que a energia de entrada é uma agregação de todas as energias necessárias para as actividades de produção de energia, incluindo diferentes fases, como a construção de uma central eléctrica, o fabrico e armazenamento de combustíveis e o transporte de materiais, e a energia de saída é uma agregação das energias produzidas durante o tempo de vida da

central eléctrica (Gokcek & Genc 2009). Pode ser interpretada como a quantidade de energia que uma tecnologia pode produzir em relação à quantidade total de energia que foi consumida durante todo o ciclo de vida. O NER é, portanto, uma indicação da "eficiência energética do ciclo de vida" do sistema. Se for inferior ao valor 1, então o sistema, por definição, não é renovável, uma vez que foi consumida mais energia do que a produzida. Isto implicaria uma perda líquida de energia quando se consideram todas as etapas da cadeia de produção de eletricidade.

4. **Fator de colheita (HF):** é o rácio entre a quantidade de energia obtida num processo de produção de energia e a quantidade dessa energia (ou o seu equivalente de outra fonte) necessária para extrair, cultivar, etc., uma nova unidade da energia em questão (Murphy & Hall 2010). É também chamado de Retorno de Energia sobre Energia Investida (EROI).

Avaliação económica:

1. **Custo nivelado da eletricidade (LCOE):** O LCOE é uma fórmula ou expressão matemática que soma todos os custos incorridos durante a vida útil do sistema de produção de eletricidade, divididos pelas unidades de energia produzidas durante a vida útil do sistema (Gwenith 2011). É expresso em dólares por quilowatt-hora ($/KWh). O LCOE é um dos factores mais importantes utilizados para comparar diferentes sistemas de energias renováveis com tempos de vida desiguais e diferentes capacidades, porque fornece aos investidores e às partes interessadas uma verdadeira expressão do valor do seu dinheiro, uma vez que avalia com precisão a competitividade das opções tecnológicas (Darling et al. 2011).

$$\text{Harvest Factor (HF)} = \frac{\text{Energy produced by system}}{\text{Energy required to build, operate \& maintain system}}$$

(1)

$$\text{LCOE}\ [\$/\text{MWh}] = \frac{(E*C)+M}{h} + vM + F$$
(2)

Onde: **E** = fator de carga fixa, que anualiza o custo de capital, contabilizando o custo médio ponderado do capital (retorno da dívida), incluindo a carga fiscal sobre o projeto, a inflação, as taxas de desconto e a depreciação; **C** = custos de capital [$/MW], que é o investimento inicial por unidade de capacidade do projeto; **M** = despesas fixas de O&M = despesas fixas de O&M [$/MW/ano], que é a despesa anual por unidade do projeto em manutenção e operação; **h** = horas de produção de energia esperadas anualmente (o número de horas por ano em que se presume que um sistema funciona); **vM** = despesas variáveis de O&M, que é a despesa que inclui os custos dos consumíveis durante a manutenção não programada (que ocorre devido a falhas do sistema) e o salário dos trabalhadores; **F** = despesas de combustível [$/MWh].

E:

$$h\ [\text{horas}] = CF * 8{,}760$$
(3)

Onde: **CF** = fator de capacidade do sistema.

O LCOE é composto por três componentes básicos: 1- Custos fixos, como os investimentos iniciais, 2- custos variáveis, como o custo de O&M e combustível, e 3- custos de financiamento, como o custo das dívidas e o custo de capital (Branker et al. 2011). Mas, como expresso anteriormente no capítulo (2.8), o método LCOE tem limitações, não inclui dois factores importantes que são: 1- horas de despacho, que é o tempo consumido devido ao despacho do sistema (ficar online, offline, ou ramping up e down), e 2- riscos do projeto, tais como questões de construção, questões de preço de energia, questões de preço de combustível, e disponibilidade do gerador (Bazilian et al. 2013). É por isso que é usado principalmente para sistemas de geração de energia convencionais normais; mas para sistemas de energia renovável (não convencionais), é importante incluir os dois factores evitados listados acima numa nova expressão matemática mostrada (Eqn. 4) chamada **Levelized Avoided Cost of Electricity (LACE).**

$$\text{LACE}\left[\frac{\$}{\text{MWh}}\right] = \frac{(m*t)+(x*y)}{h} \quad (4)$$

Onde: **m** = preço marginal gerado (preço devido às horas despachadas), **t** = horas despachadas, **x** = pagamento de capacidade, que é o pagamento fornecido para participar nas reservas de risco e de fiabilidade [Wiser & Pickle (1998) sugerem que, para sistemas fotovoltaicos, o pagamento de capacidade por ano deve ser aproximadamente 2,4 vezes o valor dos custos de O&M, e Kost (2012) sugere que, para turbinas eólicas, o ideal é que o pagamento de capacidade seja aproximadamente 2,3 vezes o valor dos custos de O&M], **y** = crédito de capacidade, que é a medida da contribuição do recurso para a reserva de fiabilidade.

2. **Valor atual líquido (VAL):** O VAL é utilizado para examinar simultaneamente os custos e as receitas (entradas e saídas de dinheiro). Fornece ao investidor um montante estimado do lucro esperado no final do período de investimento. O VAL é apresentado a seguir (Eq. 5):

$$\text{NPV} = \sum_{n=0}^{N} \frac{F_n}{(1+d)^n} = F_0 + \frac{F_1}{(1+d)^1} + \frac{F_2}{(1+d)^2} + \cdots + \frac{F_N}{(1+d)^N}$$

(5)

Onde:

VAL = valor atual líquido, F_n = fluxo de caixa líquido no ano n, **N** = período de análise, e **d** = taxa de desconto anual.

3. **Custo total do ciclo de vida (TLCC):** A análise do custo total do ciclo de vida (TLCC) é utilizada para avaliar as diferenças de custos e o calendário dos custos entre projectos alternativos. Os TLCCs são os custos incorridos através da propriedade de um ativo durante o período de vida do ativo ou o período de interesse para o investidor (Marchenko & Solomin 2014).

$$\mathrm{TLCC} = \sum_{n=0}^{N} \frac{C_n}{(1+d)^n} \qquad (6)$$

Onde:

C_n = custo no período n; os custos de investimento incluem encargos financeiros, se for caso disso, valor residual esperado, custos de O&M e de reparação, custos de substituição e custos de energia. **N** = período de análise, e **d** = taxa de desconto anual.

4. **Período de retorno do investimento (PBP):** O período de retorno simples (PBP) é uma forma rápida e simples de comparar projectos alternativos. É relativamente fácil de utilizar e, como tal, é uma ferramenta financeira muito popular. O payback simples é o número de anos necessários para recuperar o custo do projeto de um investimento em consideração (Althaus 2013). O PBP é normalmente utilizado e recomendado quando o risco é um problema (ou seja, quando existem incertezas significativas) porque o PBP permite uma avaliação rápida da duração durante a qual o capital de um investidor está em risco (Alsema 2000).

$$\mathrm{PBP\ (years)} = \frac{\text{Initial investment cost}}{\text{Money saved}} \qquad (7)$$

Or:

$$\mathrm{PBP\ (years)} = \frac{\text{Primary energy invested in system}}{\text{Electrical energy substituted by system}}$$

(8)

5. **Taxa interna de rendibilidade (TIR):** A TIR é a taxa de desconto frequentemente utilizada na orçamentação que torna o VAL de todos os fluxos de caixa igual a zero. Quanto mais elevada for a TIR, mais desejável é a escolha deste investimento específico. A TIR é geralmente um valor que representa a rendibilidade percentual do investimento.

3.3.2 - Sistema solar fotovoltaico

A Tabela (3.8) abaixo resume as caraterísticas do sistema fotovoltaico analisado neste estudo, incluindo o custo de manutenção e o custo de capital do sistema.

Tabela 3.8: Eficiência e economia do sistema fotovoltaico

Fator	Valor / Montante	Observações
Tamanho	1.000 painéis	1 KW cada (sistema de 1 MW)
Eficiência	14.5%	Caraterística do cristalino multi-Si
Vida útil	25 anos	
Energia utilizada na produção	1 400 MJ	Obtido do estudo LCA
Custos fixos de O&M por ano	$12.000/MW/ano	Obtido a partir da abordagem de O&M proposta
Custos fixos de O&M durante o período de vida	$335.000/MW	Obtido a partir da abordagem de O&M proposta
Custos variáveis de O&M	$0.00/MW/ano	*Para simplificar os cálculos*, assume-se que o sistema não falha devido a uma manutenção adequada, pelo que não há custos adicionais de O&M
Investimento de capital inicial	$975.000/MW	Custo do sistema
Fator de capacidade (CF)	22.5%	Valor médio (Edenhofer et al. 2013)
Rácio de energia líquida (NER)	6.8	Valor médio (Menanteau et al. 2003)
Valor atual líquido (VAL)	$701,000	Valor médio (Edenhofer et al. 2013)
Taxa Interna de Rendimento (TIR)	8.4%	Valor médio (Chris 2013)

A secção seguinte apresenta o cálculo dos valores económicos definidos anteriormente no estilo "telegrama", que é utilizado para simplificar as palavras em frases curtas, a fim de garantir que o leitor segue claramente as etapas do cálculo.

Fator de colheita (FH):

- Energia produzida pelo sistema = 1.000 KW x CF x 8.760 = 1.971.000 KWh

(9)

- 1 KWh =1 .000 W x 60m x 60s = 3.600.000 J = 3,6 MJ

(10)

- □1,971, 000KWh=7,095, 600MJ

(11)

- Energia necessária para construir o sistema = 1.400 MJ

$$HF = \frac{7{,}095{,}600\ MJ}{1{,}400\ MJ} = 5{,}068.3 \qquad (12)$$

Custo do combustível utilizado para o transporte do sistema (início de vida):

- Distância da Alemanha ao Egito = 3.203 km
- Consumo de combustível do avião = 12L/km
- Preço do querosene = $0,53/L

Custo do combustível (início) = $3{,}203km \times 12\frac{L}{km} \times 0.53\frac{\$}{L} = \$20{,}371$

(13)

Custo do combustível utilizado para o transporte do sistema (fim de vida):

- Distância do Egito (Cairo) a Abu Rawash (aterro sanitário) = 27 km
- Consumo de combustível do camião = 0,53L/km
- Preço do gasóleo = $0,7/L

Fuel Cost (end) = $27km \times 0.53\frac{L}{km} \times 0.7\frac{\$}{L} = \$10.1$

(14)

Custo nivelado da eletricidade (LCOE):

- Fator de carga fixa (E) = 10% (tendo em conta 10% de desconto, 2,5% de inflação, 30% de impostos e 0,05% de amortização (Masini & Menichetti 2012)

- Custo de capital (C) = \$975.000/MW
- Custo fixo de O&M (M) = \$12.000/MW/ano
- Custo variável de O&M (vM) = \$0/MW/ano
- Despesas de combustível (F) = \$0/MW/ano, devido ao facto de o sistema não necessitar de combustível para funcionar.

Horas de produção anual exp. (h) = 0,225 X 8.760 = 1.971h

(15)

LCOE (25 anos de vida) =56 ,61 x 25= \$1.415,3/MWh

(17)

$$\text{LCOE} = \frac{[0.1\times(975{,}000\frac{\$}{MW}+20{,}371\frac{\$}{MW})]+12{,}000\frac{\$}{MW/yr}}{1{,}971h} + 0\frac{\$}{MW/yr} + 0\frac{\$}{MW/yr} = \$56.61/MWh \quad (16)$$

Custo evitado nivelado da eletricidade (LACE):

- Crédito de capacidade (y) = 50%.
- Pagamento de capacidade (x) = \$29.000/MW/ano
- Preço marginal gerado (m) = \$27,3/MWh
- Horas expedidas (t) = 4.200h

(Wiser & Pickle 1998)

Horas de produção anual exp. (h) = 0,225 X 8.760 = 1.971h

(18)

$$\text{LACE} = \frac{(27.3\frac{\$}{MWh}\times 4{,}200h)+(0.5\times 29{,}000\frac{\$}{MW/yr})}{1{,}971h} = \$65.5/MWh$$

(19)

LACE (25 anos de vida) =65 ,5 x 25=\$1 .637,5/MWh

(20)

Custo líquido da eletricidade:

LACE - LCOE = 65,5 - 56,61 = \$8,89/MWh (21)

Custo total do ciclo de vida (TLCC):

- Período de análise (N) = 25 anos
- Taxa de desconto (d) = 10%

Investimento de capital total = custo de capital + custo do combustível (início) + custo do combustível (fim) + O&M (tempo de vida)

=$975, 000+$20, 371+$10. 1+$335, 000=$1,330,381.1(22)

$$\text{TLCC} = \sum_{n=0}^{25} \frac{\$1{,}330{,}381.1}{(1+0.1)^n} = \$13{,}406{,}303.6$$

(23)

Período de retorno do investimento (PBP):
Energia anual fornecida = potência instalada x horas de produção = 1MW x 1,971h = 1,971 MWh (24)

- Custo da eletricidade = $120/MWh

- Dinheiro poupado = $1{,}971\ \text{MWh} \times 120 \frac{\$}{\text{MWh}} = \$236{,}520$

(25)

$$\text{PBP (years)} = \frac{\$975{,}000}{\$236{,}520} = 4.12\ \text{years} \quad (26)$$

3.3.3 - Sistema de turbinas eólicas

A tabela (3.9) abaixo representa um resumo das principais caraterísticas do sistema de turbinas eólicas. O custo de manutenção é obtido da secção (3.2.4.2) e a eficiência é obtida da empresa fabricante de turbinas eólicas.

Tabela 3.9: Eficácia e economia do sistema de turbinas eólicas

Fator	Valor / Montante	Observações
Tamanho	1 turbina	Sistema de 1 MW
Eficiência	40%	
Vida útil	25 anos	
Energia utilizada para a produção	16,800 MJ	Obtido do estudo LCA
Custos fixos de O&M por ano	$26.000/MW/ano	Obtido a partir da abordagem de O&M proposta
Custos fixos de O&M durante o período de vida	$670.600/MW	Obtido a partir da abordagem de O&M proposta

Custos variáveis de O&M	$0.00/MW/ano	Presume-se que o sistema não falha devido a uma manutenção adequada, pelo que não há custos adicionais de O&M
Investimento de capital inicial	$1.500.000/MW	Custo do sistema
Fator de capacidade (CF)	36%	Valor médio (Timmons et al. 2014)
Rácio de energia líquida (NER)	25.2	Valor médio (Timmons et al. 2014)
Valor atual líquido (VAL)	$1,016,753	Valor médio (Marchenko & Solomin 2014)
Taxa Interna de Rendimento (TIR)	15.10%	Valor médio (Goke & Genc 2009)

Segue-se um cálculo passo a passo dos factores económicos definidos anteriormente neste capítulo:

Fator de colheita (FH):

- Energia produzida pelo sistema = 1.000 KW x CF x 8.760 = 3.153.600 KWh (27)
- 1 KWh =1 .000 W x 60m x 60s = 3.600.000 J = 3,6 MJ (28)
- □ 3.153.600 KWh = 11.352.960 MJ
- Energia necessária para construir o sistema = 16.800 MJ

Custo do combustível utilizado para o transporte do sistema (início de vida):

- Distância do Mar Vermelho ao Cairo = 650 km
- Consumo de combustível do camião = 0,53L/km
- Preço do gasóleo = $0,7/L

Custo do combustível (início) = $650\text{km} \times 0.53\frac{\text{L}}{\text{km}} \times 0.7\frac{\$}{\text{L}} = \$240.8$ (30)

Custo do combustível utilizado para o transporte do sistema (fim de vida):

- Distância do Egito (Cairo) a Abu Rawash (aterro sanitário) = 27 km
- Consumo de combustível do camião = 0,53L/km
- Preço do gasóleo = $0,7/L

$$\text{Custo do combustível (final)} = 27\text{km} \times 0.53\frac{\text{L}}{\text{km}} \times 0.7\frac{\$}{\text{L}} = \$10.1 \quad (31)$$

Custo nivelado da eletricidade (LCOE):

- Fator de carga fixa (E) = 9% (tendo em conta 10% de desconto, 2,5% de inflação, 30% de impostos e 0,03% de amortização (Masini & Menichetti 2012)
- Custo de capital (C) = $1.500.000/MW
- Custo fixo de O&M (M) = $26.000/MW/ano
- Custo variável de O&M (vM) = $0/MW/ano
- Despesas de combustível (F) = $0/MW/ano, devido ao facto de o sistema não necessitar de combustível para funcionar.

Horas anuais de produção exp. (h) = 0,36 X 8.760 = 3.153,6h (32)

$$\text{LCOE} = \frac{[0.09\times\left(1,500,000\frac{\$}{\text{MW}}+240.8\frac{\$}{\text{MW}}\right)]+26,000\frac{\$}{\text{MW/yr}}}{3,153.6\text{h}} + 0\frac{\$}{\text{MW/yr}} + 0\frac{\$}{\text{MW/yr}} = \$51.1/\text{MWh} \quad (33)$$

LCOE (25 anos de vida) =51 ,1 x 25=$1 .277,5/MWh (34)

Custo evitado nivelado da eletricidade (LACE):

- Crédito de capacidade (y) = 25%.
- Pagamento de capacidade (x) = $60.000/MW/ano
- Preço marginal gerado (m) = $43,9/MWh
- Horas expedidas (t) = 3.530h

(Kost et al. 2012)

Horas anuais de produção exp. (h) = 0,36 X 8.760 = 3.153,6h (35)

$$\text{LACE} = \frac{\left(43.9\frac{\$}{\text{MWh}}\times 3{,}530\text{h}\right)+\left(0.25\times 60{,}000\frac{\$}{\text{MW/yr}}\right)}{3{,}153.6\text{h}}$$

=$53,9/MWh(36)

LACE (25 anos de vida) =53 ,9 x 25=$1 .347,5/MWh(37)

Custo líquido da eletricidade:

LACE - LCOE = 53,9 - 51,1 = $2,8/MWh (38)

Custo total do ciclo de vida (TLCC):

- Período de análise (N) = 25 anos
- Taxa de desconto (d) = 10%

Investimento de capital total = custo de capital + custo do combustível (início) + custo do combustível (fim) + O&M (tempo de vida)

=$1,500, 000+$240. 8+$10. 1+$670, 600=$2,170,850.9 (39)

$$\text{TLCC} = \sum_{n=0}^{25}\frac{\$2{,}170{,}850.9}{(1+0.1)^n} = \$21{,}875{,}751.4 \quad (40)$$

Período de retorno do investimento (PBP):

- Energia anual fornecida = potência instalada x horas de produção = 1MW x 3.153,6h = 3.153,6 MWh (41)
- Custo da eletricidade = $120/MWh

- Dinheiro poupado = $3{,}153.6\ \text{MWh}\times 120\frac{\$}{\text{MWh}} = \$378{,}432$ (42)

$$\text{PBP (years)} = \frac{\$1{,}500{,}000}{\$378{,}432} = 3.96\ \text{years} \quad (43)$$

Capítulo 4: Discussão

Os sistemas solares fotovoltaicos e de turbinas eólicas são duas fontes de energia renovável muito competitivas, estão facilmente disponíveis nas condições corretas (sem necessidade de extrair energia) e são ambos fáceis de manter. A comparação destes dois sistemas é útil para que as partes interessadas e os investidores possam decidir facilmente qual é o mais adequado para o local onde se encontram, quanto dinheiro estão dispostos a investir num projeto e o nível de dificuldade de manutenção do sistema escolhido para que este funcione sem problemas. Ambos os sistemas considerados neste estudo têm uma dimensão de 1 MW, proporcionando assim uma base de comparação compreensível. Este capítulo é um resumo pormenorizado dos resultados dos métodos propostos de comparação de sistemas, pelo que, para diminuir a repetição dos nomes dos dois sistemas (solar fotovoltaico e turbina eólica), o sistema solar fotovoltaico será designado por Sistema A e o sistema de turbina eólica por Sistema B.

O primeiro método de comparação de sistemas abordado nesta tese foi a ACV. Foram medidos nove impactes ambientais para cada sistema ao longo de um período de 100 anos, utilizando um software de ACV que é uma coleção de bases de dados que inclui todos os materiais e os impactes que causam, dependendo da fase do seu ciclo de vida e da quantidade de cada material utilizado. Os nove impactes ambientais foram o GWP, o ODP, o HT, o ET, o AP, o EP marinho e terrestre, o POCP e o ARD. O sistema B teve o maior valor para oito dos nove impactes ambientais negativos medidos, o que significa que o sistema B causou mais danos globais ao ambiente do que o sistema A. O único impacte positivo para o sistema B foi o ODP, em que o sistema A teve um impacte negativo mais elevado. A tabela (4.1) abaixo mostra os resultados dos nove impactos ambientais para os dois sistemas combinados num único gráfico para comparação.

Tabela 4.1: Comparação dos Impactos Ambientais

Environmental Impact		Remarks
GWP	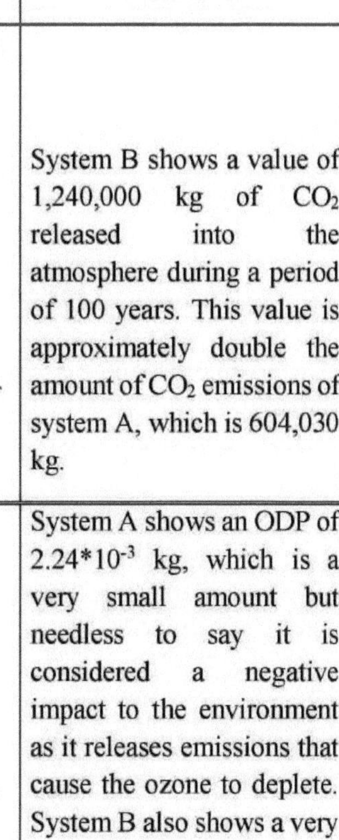	System B shows a value of 1,240,000 kg of CO_2 released into the atmosphere during a period of 100 years. This value is approximately double the amount of CO_2 emissions of system A, which is 604,030 kg.
ODP	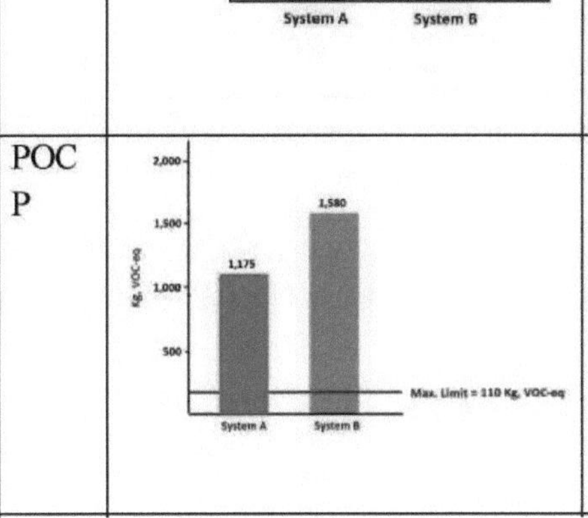	System A shows an ODP of $2.24*10^{-3}$ kg, which is a very small amount but needless to say it is considered a negative impact to the environment as it releases emissions that cause the ozone to deplete. System B also shows a very small value of $1.29*10^{-3}$.
POCP		Both systems pass the recommended VOC of 110 kg limit by large amounts with the wind turbine system being the most significant.

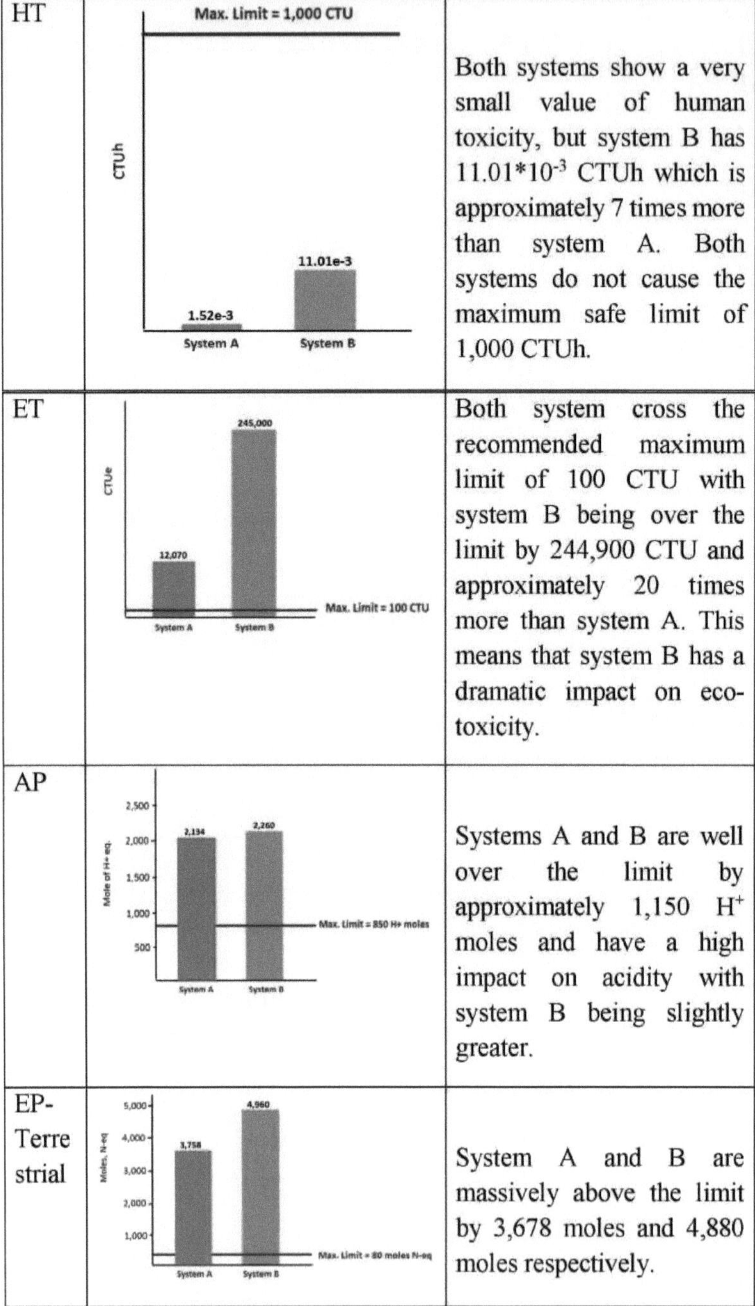

HT	Max. Limit = 1,000 CTU CTUh 1.52e-3 11.01e-3 System A System B	Both systems show a very small value of human toxicity, but system B has $11.01*10^{-3}$ CTUh which is approximately 7 times more than system A. Both systems do not cause the maximum safe limit of 1,000 CTUh.
ET	CTUe 245,000 12,070 Max. Limit = 100 CTU System A System B	Both system cross the recommended maximum limit of 100 CTU with system B being over the limit by 244,900 CTU and approximately 20 times more than system A. This means that system B has a dramatic impact on eco-toxicity.
AP	Mole of H+ eq. 2,500 2,000 1,500 1,000 500 2,134 2,260 Max. Limit = 850 H+ moles System A System B	Systems A and B are well over the limit by approximately 1,150 H^{+} moles and have a high impact on acidity with system B being slightly greater.
EP-Terrestrial	Moles, N-eq 5,000 4,000 3,000 2,000 1,000 3,758 4,960 Max. Limit = 80 moles N-eq System A System B	System A and B are massively above the limit by 3,678 moles and 4,880 moles respectively.

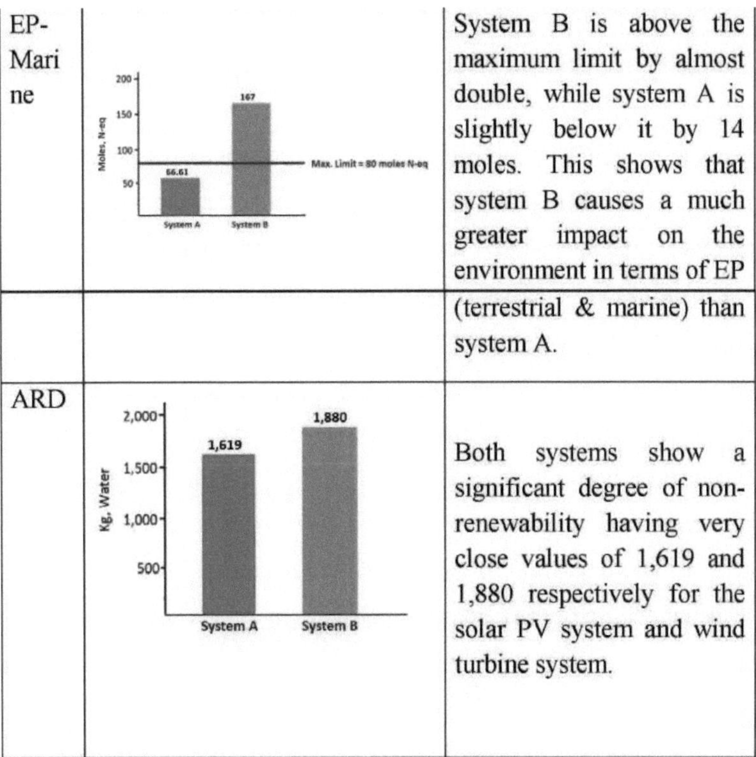

EP-Marine	Moles, N-eq; 200; 150; 100; 50; 66.61; 167; Max. Limit = 80 moles N-eq; System A; System B	System B is above the maximum limit by almost double, while system A is slightly below it by 14 moles. This shows that system B causes a much greater impact on the environment in terms of EP (terrestrial & marine) than system A.
ARD	Kg, Water; 2,000; 1,500; 1,000; 500; 1,619; 1,880; System A; System B	Both systems show a significant degree of non-renewability having very close values of 1,619 and 1,880 respectively for the solar PV system and wind turbine system.

A tabela (4.1) mostra claramente que o sistema B tem um impacto muito mais significativo no ambiente do que o sistema A. Embora ambos tenham a mesma potência, os materiais utilizados em cada sistema variam. As secções (3.1.5.1 e 3.1.5.2) mostram que o material mais responsável pelo impacto ambiental negativo foi o vidro utilizado para cobrir os painéis solares no sistema A e os lubrificantes utilizados para lubrificar o sistema B para um funcionamento adequado. A investigação sugere que um polímero acrílico chamado Plexiglass poderia substituir o vidro utilizado no sistema A porque não é feito da mesma composição química, pelo que poderia ter um melhor impacto no ambiente, mas a execução da simulação com Plexiglass em vez de vidro provou o contrário, causando efetivamente um aumento dos danos ambientais. O coque de petróleo e o querosene também causam um impacto significativo no ambiente a partir do sistema A. Os institutos de investigação estão ainda a realizar estudos para substituir estes materiais por alternativas mais ecológicas. Em 2016, foi produzido um novo material chamado "Madeira Transparente", ele é feito de madeira que é transparente devido à remoção da lignina que é responsável pela sua cor, e é misturado com plexiglass (polimetilmetacrilato), isso faz com que a madeira seja transparente e extremamente resistente. Os cientistas provaram que este material absorve mais luz que o vidro devido à presença de microcanais que estão presentes na madeira devido à sua estrutura natural de quando era uma árvore (Smith 2016). Embora ainda não esteja provado, a madeira transparente pode ser a nova melhor alternativa ao vidro, uma vez que é amiga do ambiente e tem uma maior capacidade de refração. Este material não pôde ser testado no software de ACV porque é relativamente novo e ainda não recebeu um nome oficial de composto e propriedades, pelo que não foi encontrado em nenhuma das bases de dados de ACV. Os lubrificantes utilizados no sistema B são a maior preocupação de todo o sistema, porque causam o maior impacto negativo. Os bio-lubrificantes, que são uma forma totalmente natural de lubrificante, podem ser utilizados em vez dos lubrificantes normais para permitir o funcionamento correto da turbina eólica. A eficácia deste substituto sugerido ainda não foi confirmada. A resina epóxida e o aço do sistema B também causam um impacto considerável no ambiente, mas infelizmente estes dois materiais nunca poderão ser substituídos por alternativas, uma vez que constituem a base e a principal infraestrutura do sistema. O óleo de soja e o óleo de palma foram então testados na simulação de software em vez de lubrificantes e provocaram uma diminuição significativa das emissões de CO_2, o que prova que a hipótese de que os bio-lubrificantes seriam um melhor substituto dos lubrificantes está correta.

O segundo método de comparação entre os dois sistemas consistiu em explicar em pormenor os riscos e problemas que podem ocorrer em cada sistema e em elaborar um plano de manutenção com actividades pormenorizadas e datas programadas recomendadas para evitar que esses problemas ocorram e provoquem falhas de funcionamento. Ambas as estratégias de manutenção foram baseadas no comportamento de manutenção periódica e preventiva explicado na secção (3.2.1). Calcula-se que o sistema A requer uma despesa anual de $12.000 e uma despesa de 25 anos de vida útil de $335.000 para serviços de operação e manutenção, enquanto o sistema B requer uma despesa anual de $26.000 e uma despesa de 25 anos de vida útil de $679.600. O sistema B requer, portanto, aproximadamente o dobro das despesas utilizadas para a manutenção do sistema A. Isto é naturalmente compreensível, uma vez que as turbinas eólicas são enormes e, por isso, a sua manutenção requer pessoal extremamente qualificado para ser elevado em segurança a alturas significativas com uma grua ou helicóptero, a fim de alcançar as pás, o gerador e a caixa de velocidades, enquanto o sistema A consiste apenas em painéis fotovoltaicos colocados em infra-estruturas ao nível do solo que as pessoas podem alcançar facilmente. Ambos os sistemas requerem manutenção e limpeza regulares para funcionarem de forma eficiente. A tarefa de manutenção mais dispendiosa para ambos os sistemas é o procedimento de limpeza, uma vez que só a limpeza custa 7.000 dólares por ano para o sistema A e 12.000 dólares por ano para o sistema B. O registo de erros e a revisão de eventos no sistema de aquisição de dados de ambos os sistemas também foi significativamente dispendioso, sendo de $3.000 para o sistema A e $2.000 para o sistema B. As secções (3.2.4.1 e 3.2.4.2) apresentam mais pormenores sobre a manutenção necessária para cada sistema e o respetivo preço.

O terceiro e último aspeto da comparação dos dois sistemas envolve a avaliação da sua eficiência e a comparação das suas perdas e receitas económicas. Mostra-se que o sistema A, com uma eficiência global de 14,5%, um NER de 6,8 e um fator de capacidade de 22,5%, custa $975.000 como investimento de capital inicial e tem um fator de colheita de 5068,3. Enquanto o sistema B, com uma eficiência global de 40%, um NER de 25,2 e um fator de capacidade de 36%, custa $1.500.000 como investimento de capital inicial e tem um fator de colheita de 675,8. De acordo com o período de retorno calculado, serão necessários cerca de 4 anos para que um investidor obtenha o retorno das despesas de investimento com as receitas de ambos os sistemas. Por conseguinte, o sistema B tem uma pontuação global de avaliação da eficiência mais elevada do que o sistema A.

Quadro 4.2: Comparação económica

Fator	Sistema A (Solar)	Sistema B (Vento)
Custo nivelado da eletricidade (LCOE)	$56,61/MWh/ano	$51,1/MWh/ano
Custo evitado nivelado da eletricidade (LACE)	$65,5/MWh/ano	$53,9/MWh/ano
Custo líquido da eletricidade	$8,89/MWh/ano	$2,8/MWh/ano
VAL	$701,000	$1,016,753
TIR	8.4%	15.10%
TLCC	$13,406,303.6	$21,875,751.4
HF	5,068.3	675.8

A Tabela (4.2) mostra os factores económicos estudados calculados para cada sistema. O LCOE tem em conta o custo de manutenção e o investimento de capital. O custo do combustível utilizado para transportar o sistema do seu local de fabrico para o local de funcionamento é considerado como um acréscimo ao investimento de capital. Uma vez que o sistema A foi fabricado na Alemanha e o sistema B no Egito, o custo do combustível utilizado para transportar o sistema A, $20.371, foi muito superior ao do sistema B, $240,8. O LCOE do sistema A é ligeiramente superior ao do sistema B, o que conclui parcialmente que, em termos económicos, o sistema A é mais viável. Mas o LCOE assume que os sistemas estão a funcionar continuamente ao longo do ano, sem paragens, o que é muito improvável, pelo que o LACE é uma representação mais precisa. O LACE do sistema A é significativamente maior do que o seu LCOE, ao contrário do LACE do sistema B, que é ligeiramente maior do que o seu LCOE. A LACE tem em consideração a quantidade de horas despachadas do sistema e o montante das despesas pagas pelos riscos e falhas que podem ocorrer. Também considera a taxa de depreciação, impostos, inflação e desconto. Na secção (3.3.2), mostra-se que o sistema A é despachado durante aproximadamente 48% do ano, quer devido às condições meteorológicas, quer devido à programação da manutenção. O sistema B é despachado durante cerca de 40% do ano, como se mostra na secção (3.3.3). Como o LACE é considerado uma medida de valor, ao contrário do LCOE, que é considerado uma medida de custo, o LACE é favorável quando é maior do que o LCOE, porque isso garante um maior retorno do investimento para as partes interessadas.

O valor atual líquido representa o valor dos sistemas depois de terem completado a sua vida útil. Tem em consideração a taxa de depreciação e a inflação. Como estas taxas são previsíveis, não são 100% exactas, pelo que o VAL apresentado é apenas uma média estimada a partir de pesquisas anteriores. O sistema A vale $975.000 no início da sua vida útil, e valerá $701.000 no final da sua vida útil, perdendo assim aproximadamente 21% do seu valor durante 25 anos. O sistema B vale $1.500.000 no início da sua vida útil e valerá $1.016.753 no final da sua vida útil, perdendo assim aproximadamente 32% do seu valor durante 25 anos.
O sistema B tem uma taxa interna de rendibilidade mais elevada do que o sistema A, o que significa que tem a maior rendibilidade do investimento. Isto significa que se um investidor estiver à procura de um lucro maior, o sistema B será a melhor escolha. Por outro lado, o sistema A (HF = 5068,3) tem um fator de colheita muito mais elevado do que o sistema B (HF = 675,8), o que significa que o sistema A tem um maior retorno da energia produzida em relação à quantidade de energia investida na construção do sistema. O sistema A requer pouca energia para ser construído (1400 MJ), mas uma vez desenvolvido, produz grandes quantidades de energia em comparação com o sistema B, que requer uma quantidade significativamente maior de energia para ser produzido (16.800 MJ).

O custo total do ciclo de vida é o montante total das despesas que são pagas pelos sistemas durante o seu período de vida, não tendo em conta os lucros e as receitas em que incorrem, apenas as despesas. Inclui, no entanto, a taxa de desconto oferecida ao investidor no início do contrato. Obviamente, a TLCC do sistema B é muito superior à do sistema A, cerca de 1,5 vezes.

Analisando os resultados, o sistema B é claramente uma melhor opção de investimento para o retorno do lucro, enquanto que o sistema A é identificavelmente melhor do que o sistema B em termos de ser mais amigo do ambiente e é um investimento menos dispendioso, uma vez que requer um menor custo de capital e menos despesas de manutenção. Mas como a utilização de sistemas de energia renovável foi introduzida no mundo para salvar o ambiente, é altamente recomendável que as opções de um melhor ambiente sejam mais favoráveis do que uma maior taxa de rendimento do investimento.

Capítulo 5: Resumo e conclusão

A escolha do sistema de energia renovável adequado tem-se revelado bastante difícil. Isto deve-se ao facto de existirem vários aspectos a considerar durante o processo de seleção, tais como o clima do país, o preço do sistema, a eficiência, o dinheiro devolvido como recompensa do investimento, a manutenção deste sistema e, recentemente incluído: o efeito deste sistema no ambiente. A maioria dos investidores e consumidores acredita que os sistemas de energia renovável são a solução para a deterioração do ambiente no mundo. Embora isto seja parcialmente verdade, ignora-se o facto de que o processo de produção destes sistemas tem um enorme impacto negativo no ambiente. Por conseguinte, quando uma parte interessada ou um investidor está a analisar as opções do sistema a escolher, a ACV deve ser tida em conta.

Existem vários aspectos a considerar na escolha do sistema de energia renovável adequado, pelo que esta tese fornece um critério de seleção simplificado e organizado em três categorias principais. A primeira categoria a considerar é a ACV do sistema, se é valioso para o ambiente ou uma perda. A segunda categoria centra-se no aspeto da operação e manutenção do sistema, e a terceira é a avaliação da eficiência e economia do sistema.

É efectuada uma comparação exaustiva entre um sistema solar fotovoltaico e um sistema de turbina eólica, ambos com uma potência de 1 MW e uma vida útil de 25 anos. Foram estudados os materiais utilizados em cada sistema e as suas massas, e foi desenvolvido um fluxograma detalhado do ciclo de vida para cada sistema, mostrando as entradas e saídas de cada fase do ciclo de vida do sistema. Utilizando um software de ACV, a ACV foi avaliada para ambos os sistemas, estudando os efeitos de cada material utilizado em cada sistema, e os resultados mostram que o sistema de turbina eólica causa um pouco mais de danos ao ambiente num período de 100 anos do que o sistema solar fotovoltaico, o que se deve principalmente aos lubrificantes utilizados no funcionamento da turbina. O sistema solar fotovoltaico causa danos ao ambiente durante o seu processo de produção devido às emissões resultantes do fabrico do vidro utilizado como cobertura protetora do painel fotovoltaico.

O processo de operação e manutenção foi então descrito em pormenor para cada sistema, incluindo os riscos e falhas que podem ocorrer e a forma de os resolver. São explicados os diferentes tipos de manutenção e introduzidos métodos que visam reduzir o custo da operação e da manutenção. Foram também enumerados métodos para aumentar a fiabilidade de um sistema. Foi desenvolvida uma proposta de plano de manutenção, incluindo as tarefas necessárias para manter cada sistema, quanto custa cada tarefa e quantos trabalhadores são necessários para efetuar essa tarefa específica. Como esperado, a manutenção do sistema de turbinas eólicas custa significativamente mais do que a do sistema solar fotovoltaico. Isto deve-se principalmente ao facto de as turbinas eólicas serem muito grandes e, por isso, é muito mais difícil para a mão de obra aceder facilmente às peças da turbina. Os custos adicionais incluem o equipamento utilizado para elevar o pessoal de manutenção a uma grande altura até ao rotor e às pás da turbina.

Por último, foi avaliada a eficiência e a economia de cada sistema. O sistema de turbinas eólicas teve uma pontuação mais elevada na avaliação da eficiência em termos de fator de capacidade e rácio de energia líquida. O investimento de capital necessário para o sistema de turbinas eólicas foi quase o dobro do montante necessário para o sistema solar fotovoltaico, embora ambos tenham um período de retorno de 4 anos. A avaliação económica consistiu em seis factores calculados, que são: HF, LCOE, LACE, NPV, TLCC, e IRR. O sistema de turbina eólica teve um VAL, TLCC e TIR muito mais elevados do que o sistema solar fotovoltaico, e o sistema solar fotovoltaico teve um LCOE e LACE ligeiramente mais elevados do que o sistema de turbina eólica.

Concluiu-se que, se um investidor ou as partes interessadas considerarem o montante do retorno dos lucros como o mais importante, então o sistema de turbinas eólicas é a opção ideal, uma vez que tem um elevado valor de retorno do investimento. Mas foi demonstrado que as turbinas eólicas causam muitos danos ambientais, muito mais do que os sistemas solares fotovoltaicos. Portanto, se o investidor estiver a analisar todos os aspectos ao escolher a melhor fonte de energia renovável, então é altamente recomendável que o sistema solar fotovoltaico seja a primeira opção, uma vez que é menos dispendioso, o que significa que há uma grande probabilidade de haver muitos sistemas solares fotovoltaicos para ajudar a alimentar o mundo. A manutenção do sistema solar fotovoltaico também custa quase metade do custo de manutenção de uma turbina eólica. A única desvantagem dos sistemas solares fotovoltaicos é o facto de serem despachados ou interrompidos durante mais horas por ano do que os sistemas de turbinas eólicas. Isto deve-se à indisponibilidade de luz solar durante as estações de inverno, ao passo que há vento durante o verão e o inverno.

5.1 - Investigação adicional

No aspeto do estudo relativo à avaliação do ciclo de vida, o processo de reciclagem não é tido em consideração para ambos os sistemas devido à complexidade e profundidade do próprio processo. É necessária mais investigação nesta área de estudo e a inclusão da reciclagem na análise diminuiria significativamente os impactos ambientais negativos e os resultados seriam muito mais realistas em comparação com a tecnologia atualmente disponível, uma vez que a maioria dos sistemas é submetida a reciclagem na década atual.

Em vez de analisar apenas o efeito de cada material presente no sistema separadamente na ACV, seria extremamente importante avaliar o efeito de cada fase do ciclo de vida do sistema e mostrar os efeitos que têm no ambiente. Isto seria de grande valor para as partes interessadas, uma vez que estas poderiam saber se a fase de produção ou a fase de utilização é a que causa mais danos e podem investigar novas formas de diminuir esses danos.

Era necessária mais investigação para incluir o efeito da estrutura de fundação do sistema solar fotovoltaico, apesar de ter sido incluída a estrutura de fundação do sistema de turbinas eólicas.

No que diz respeito à operação e manutenção, poderiam ser estudados outros pormenores, como o diagnóstico de falhas que ocorre quando há um erro. Neste estudo, apenas foi considerada a abordagem de manutenção preventiva, calculando assim as despesas que são utilizadas apenas para manter um sistema e evitar que falhe, mas, como qualquer sistema no mundo, é provável que aconteça algo que provoque um erro no sistema. É necessária mais investigação nesta área para calcular uma despesa de O&M mais realista.

Além disso, no aspeto da comparação da avaliação económica, não foram tidos em consideração vários factores, tais como rácios de poupança/custo e rácios de benefícios/custo devido à complexidade dos seus cálculos. É necessário um conhecimento mais abrangente da economia dos sistemas de energias renováveis para fornecer uma análise económica detalhada de cada sistema que tenha em consideração as tarifas, os impostos variáveis (uma vez que este estudo apenas considera os impostos fixos numa situação economicamente estável) e as catástrofes naturais que podem alterar a economia de um país, afectando assim o investimento das partes interessadas. Isto baseia-se num fator de perigo económico que é atribuído a cada sistema com base na dificuldade de manter o investimento feito num sistema que falhou devido a razões externas.

Ambos os sistemas examinados neste estudo não incluíram sistemas de armazenamento de energia devido à sua complexidade na análise ambiental e económica, o que poderia constituir uma solução para a intermitência destes sistemas de energias renováveis. Com os sistemas de armazenamento, a energia produzida pelo sistema solar fotovoltaico poderia funcionar durante mais horas durante o inverno e proporcionar uma produção mais elevada, e a energia do sistema de turbinas eólicas pode ser utilizada mesmo em condições de vento adversas que poderiam danificar o sistema.

Referências

REN 21-Renewables 2011 global status report. (2011). *Rede de políticas para as energias renováveis no século XXI.*

Adam, C. (2012). Renewable energy sources and climate change mitigation (Fontes de energia renováveis e mitigação das alterações climáticas). *Painel Intergovernamental sobre as Alterações Climáticas.*

Adinoyi, M. e Said, S. (2013). Efeito da acumulação de poeira nas saídas de energia dos módulos solares fotovoltaicos. *Renewable Energy*, v60, p633-636.

Al-Hassan, K., Chan, J. F. L. e Metcalfe, A.V. (2000). O papel da manutenção produtiva total na excelência empresarial. *Total Quality Management & Business Excellence*, v11, p596-601.

Al-Najjar, B., Alsyouf, I. (2004). Melhorar a rentabilidade e a competitividade de uma empresa utilizando a manutenção integrada baseada em vibrações: um estudo de caso. *Jornal Europeu de Investigação Operacional,* 157(3), p643-657.

Althaus, H. J. (2013). Cálculo do tempo de retorno da energia fotovoltaica e seus determinantes. *Quantis.*

Alsema, E. (2000). Tempo de recuperação de energia e emissões de CO2 de sistemas fotovoltaicos.

Progresso na energia fotovoltaica: Investigação e Aplicações, 8(17), p25.

Anctil, A., Fthenakis, V. (2013). Metais Críticos em Tecnologias Fotovoltaicas Estratégicas: Abundância versus Reciclabilidade. *Progresso em Photovoltaics*, 21(6), p1253-1259.

Antoniadou, I., Dervilis, N., Papatheou, E., et al. (2015). Aspectos da saúde estrutural e monitorização do estado das turbinas eólicas offshore. *Philosophical Transactions*, p1-14.

Ardente, F., Beccali, M., Cellura, M., e Brano, V. (2008). Desempenho energético e avaliação do ciclo de vida de um parque eólico italiano. *Renewable and*

Sustainable Energy Reviews, 12(1), p200-217.

Arts, R., Knapp, G., Lawrence, M. (1998). Alguns aspectos da medição do desempenho da manutenção na indústria de processamento. *Journal of Qualitative Maintenance Engineering,* 4(1), p6-11.

Asplund, R. W. (2008). Lucrar com a energia limpa. *Wiley Trading.*

Banks, D. (2013). The Role of Corner Vortices in Dictating Peak Wind Loads on Tilted Flat Solar Panels Mounted on Large Flat Roofs. *Journal of Wind Engineering and Industrial Aerodynamics*, v123, p192-201.

Barlow, R. E., Hunter, L. (1960). Optimal preventive maintenance policies. *Operations Research*, v8, p90-100.

Bazilian, M., Roques, F. (2008). Introdução: abordagens analíticas para quantificar e valorizar a diversidade da mistura de combustíveis. *Elsevier.*

Bazilian, M., Onyeji, I., Liebreich, M., et al. (2013). Re-considerando a economia da energia fotovoltaica. *Renewable Energy*, v53, p329-338.

Bhadury, B. (1988). Manutenção produtiva total. *Allied Publishers.*

Birolini, A. (1994). Qualidade e fiabilidade dos sistemas técnicos. *Springer.*

Birolini, A. (2004). Reliability engineering: theory and practice - 4ª edição. *Springer.*

Branker, K., Pathak, M., Pearce, J. M. (2011). A review of solar photovoltaic Levelized cost of electricity. *Renewable and Sustainable Energy Reviews,* 15(9), p4470-4482.

Brook, R. (1998). A manutenção preditiva total reduz os custos da fábrica. *Plant Engineering,* 52(4), p93-95.

Brouwer, K. A., Gupta, C., Honda. S., et al. (2011). Methods and Concerns for Disposal of Photovoltaic Solar Panels (Métodos e preocupações para a eliminação de painéis solares fotovoltaicos). *Energy Policy.* 68(3), p524533.

Buczkowski, P. S., Hartmann, M. E., Kulkarni, V. G. (2005). Outsourcing prioritized warranty repairs. *International Journal of Quality Reliable Management,* 22(7), p699-714.

Campbell, J., Jardine, A. (2001). Maintenance excellence. *Marcel Dekker.*

Carpenter, S. R., Turner, M. G., Foley, J. A. (2007). Limiares de Eutrofização - Avaliação, Mitigação e Resiliência em Paisagens e Lagos. *Ecological Thresholds.*

Caselitz, P., Giebhardt, J., Mevenkamp, M. (1997). Aplicação de sistemas de monitorização de condições em conversores de energia eólica. *Conferência Europeia sobre Energia Eólica,* p579-582.

Charalambous, C., Kokkinos, N., Christofides, N. (2014). Proteção externa contra raios e ligação à terra em aplicações fotovoltaicas de grande escala. *IEEE Transactions on Electromagnetic Compatibility,* 56(2), p427-434.

Chris, N. (2013). Assessing the economic value of new utility-scale renewable generation projects [Avaliação do valor económico de novos projectos de produção de energia renovável à escala dos serviços públicos]. *Administração da Informação sobre Energia.*

Cohen, G. E., Kearney, D., Kolb, G. (1999). Relatório Final sobre o Programa de Melhoria da Operação e Manutenção para Centrais de Energia Solar Concentrada. *Sandia National Laboratories.*

Crawford, R. (2009). Análise da energia do ciclo de vida e das emissões de gases com efeito de estufa das turbinas eólicas e o efeito da dimensão no rendimento energético. *Renewable and Sustainable Energy Reviews,* 13(9), p2653-2660.

Dale, M. (2013). Uma análise comparativa dos custos de energia das tecnologias de geração de eletricidade fotovoltaica, solar térmica e eólica. *Ciências Aplicadas,* v3, p325-337.

Darling, S. B., You, F., Veselka, T., Velosa, A. (2011). Pressupostos e o custo nivelado de energia para a energia fotovoltaica. *Energia e Ciência Ambiental,* 4(3133).

Dekker, R. (1996). Aplicações de modelos de otimização da manutenção: uma revisão e análise. *Reliability Engineering and System Safety,* v51, p229-240.

Deng, J., Wronski, C., et al. (2007). Otimização da tensão de circuito aberto em células solares de silício amorfo. *Journal of Applied Physics,* 101(11).

Dincer, I. (2000). Energias renováveis e desenvolvimento sustentável: uma revisão crucial. *El Sevier,* 4(3).

Dunn, R., Johnson, D. (1991). Getting started in computerized maintenance management. *Maintenance Management,* 45(7), p55-58.

Echavarria, E., Hahn, B., van Bussel, G. J. W. e Tomiyama, T. (2008). Fiabilidade da tecnologia de turbinas eólicas ao longo do tempo. *Journal of Solar Energy Engineering*, 130(3), p3105.

Edenhofer, O., Hirth, L., Knopf, B., et al. (2013). On Economics of Renewable Energy Sources. *Energy Economics*, v40, p12-23.

Eleonore, L. (2010). Métodos de avaliação dos impactos ambientais do uso da água. *AgroParisTech - ENGREF centro de Montpellier.*

Ellabban, O., Abu-Rub, H., Blaabjerg, F. (2014). Recursos energéticos renováveis: Estado atual, perspetivas futuras e sua tecnologia facilitadora. *El Sevier,* 39(5).

Grupo de peritos. (2005). Projected costs of generating electricity, Paris - França.

Grupo de peritos. (2010). Projected costs of generating electricity - 2010 Edition, *Agência de Energia Nuclear.*

Fanbo, H., Zhao, Z., Yuan, L. (2012). Impacto da configuração do inversor no custo da energia de sistemas fotovoltaicos ligados à rede. *Renewable Energy*, v41, p328-335.

Finnveden, G. (2000). Sobre as limitações da análise do ciclo de vida e das ferramentas de análise de sistemas ambientais em geral. *International Journal of Life Cycle Assessment*, 5(4), p229-238.

Forster, P. M., e Thompson, D. W. J. (2011). Avaliação científica da destruição da camada de ozono. *Projeto global de investigação e monitorização do ozono,* i52.

Frischknecht, R., Itten, R., Wyss, F., Blanc, I., Heath, G., Raugei, M., Sinha, P., Wade, A. (2015). Avaliação do ciclo de vida da futura produção de eletricidade fotovoltaica a partir de sistemas de escala residencial operados na Europa. *Programa de Sistemas de Energia Fotovoltaica da Agência Internacional de Energia.*

Fthenakis, V., Alsema, E. (2006). Photovoltaics energy payback times, greenhouse gas emissions and external costs. *Progress in Photovoltaics: Investigação e Aplicações,* 14(3), p275-280.

Gangwar, S., Bhanja, D., Biswas, A. (2015). Custo, fiabilidade e sensibilidade de um sistema híbrido autónomo de energias renováveis - um estudo de caso num edifício de conferências com baixo fator de carga. *Journal of Renewable and Sustainable Energy*, 7(13109), p1940-1970.

Gerber, T., Martin, N., Mailhes, C. (2015). Rastreamento tempo-frequência de estruturas espectrais estimadas por um método orientado por dados. *IEEE Transactions on Industrial Electronics*, 62(10), p6616-6626.

Gertler, J. (1998). Pesquisa sobre deteção e isolamento de falhas baseadas em modelos em plantas complexas. *Revista IEEE Control Systems,* 8(6), p3-11.

Ghenai, C. (2007). Análise do Ciclo de Vida de uma Turbina Eólica. *Engenharia Mecânica e Oceânica.*

Gielen, D. (2012). Tecnologias de energias renováveis: Série de Análise de Custos. *Agência Internacional para as Energias Renováveis,* 1(4/5).

Goe, M., Gaustad, G. (2014). Fortalecendo o caso da reciclagem de energia fotovoltaica: uma análise de retorno de energia. *Applied Energy*, v120, p41-48.

Gokgek, M., Genc, M. S. (2009). Avaliação da produção de eletricidade e do custo energético dos sistemas de conversão de energia eólica (WECSs) na Turquia Central. *Applied Energy*, 86(12), p2731-2739.

Grimmelius, H., Meiler, T. P., Maas, H., et al. (1999). Three state-of-the-art methods for condition monitoring. *IEEE Transactions on Industrial Electronics*, 46(2), p407-416.

Groot, K. & Pair, C. The hidden fuel costs of wind generated electricity. http://www.epaw.org/documents.php?article=backup7. Acedido em 26 de maio de 2017.

Gwenith, J. (2011). Informação sobre o custo nivelado da energia. *Soluções energéticas.*

Haagen-Smit, A. J., Fox, M. M. (2012). Formação fotoquímica de ozono com hidrocarbonetos e gases de escape de automóveis. *Gestão do Ar e dos Resíduos,* 4(3), p105-136.

Haapala, K. R., e Prempreeda, P. (2014). Avaliação comparativa do ciclo de vida de turbinas eólicas de 2,0 MW. *Revista Internacional de Produção Sustentável,* 3(2).

Hammer, M., e Champy, J. (1993). Re-engineering the Organization (Reengenharia da Organização). *Harper Business.*

Hannan, R., Keyport, D. (1991). Automatização de um sistema de controlo de trabalhos de manutenção. *Plant Engineering,* 45(6), p108-110.

Hansen, J., Kharecha, P., Sato, M., Ackermann, F., Beerling, D. J., et al. (2013). Assessing Dangerous Climate Change: Required Reduction of Carbon Emissions to Protect Young People, Future Generations, and Nature [Redução necessária das emissões de carbono para proteger os jovens, as gerações futuras e a natureza]. *PLOS ONE,* 8(12).

Harper, C. A., Petrie, E. M. (2003). Plastics Materials and Processes: A Concise Encyclopedia. *John Wiley & Sons.*

Hellstrom, D., Jeppsson, U., Palmquist, H. (2003). Comparison of Resource Efficiency of Systems for Management of Toilet Waste and Organic Household Waste (Comparação da Eficiência de Recursos de Sistemas de Gestão de Resíduos Sanitários e Resíduos Domésticos Orgânicos). *Research Gate.*

Heptonstall, P. (2007). A review of electricity unit cost estimates. *Centro de Investigação Energética.*

Herbaty, F. (1990). Handbook of Maintenance Management: Cost Effective Practices. *Publicações Noyes.*

Hersch, P., Zweibel, K. (1982). Basic Photovoltaic Principles and Methods. *Instituto de Investigação de Energia Solar.*

Higgins, L. R., Brauigam, D. P., Mobley, R. K. (1995). Maintenance Engineering Handbook - 5th Edition. *McGraw-Hill Inc.*

Huang, S., Kok, K. T. (2009). Deteção e diagnóstico de falhas com base em métodos de modelação e estimativa. *IEEE Transactions on Neural Networks*, 20(5), p872-881.

Huijbregts, M. A. J. (1999). Avaliação do impacto do ciclo de vida dos poluentes atmosféricos acidificantes e eutrofizantes. *Organização Neerlandesa para a Investigação Científica.*

Hyers, R. W., McGowan, J. G., Sullivan, K. L., et al. (2006). Condition monitoring and prognosis of utility scale wind turbines (Monitorização do estado e prognóstico de turbinas eólicas à escala dos serviços públicos). *Energy Materials*, 1(3), p187-203.

Isermann, R. (1993). Diagnóstico de avarias de máquinas através de estimação de parâmetros e processamento de conhecimento - artigo tutorial. *Automatica*, 29(4), p815835.

Isermann, R. (1997). Métodos de supervisão, deteção e diagnóstico de falhas - uma introdução. *Práticas de Engenharia de Controlo*, 5(5), p639652.

Isermann, R. (2005). Deteção e diagnóstico de falhas com base em modelos - estado e aplicações. *Annual Revenue Control*, 29(1), p71-85.

Jessen, C., Bednarz, V. N., Rix, L., et al. (2014). Eutrofização marinha. *Indicadores Ambientais*, p177-203.

Jordan, D. C. & Kurtz, S. R. (2013). Taxas de degradação fotovoltaica - uma revisão analítica. *Progress in Photovoltaics*, 21(1), p12-29.

Joseph, T. (1998). Tropospheric Ozone in EU - The consolidated report. *Agência*

Europeia do Ambiente, i8.

Jungbluth, N. (2005). Avaliação do ciclo de vida da energia fotovoltaica cristalina na base de dados eco-invent suíça. *Progress in Photovoltaics: Research and Applications,* 13(8), p429-446.

Keating, T. J., Walker, A., Ardani, K. (2015). SAPC Best Practices in PV Operations and Maintenance (Melhores Práticas SAPC em Operações e Manutenção FV). *Laboratório Nacional de Energias Renováveis,* v1.

Kost, C., Schlegl, T., Thomsen, J., et al. (2012). Levelized cost of electricity. *Renewable energies.*

Kubiszewski, I., Cleveland, C. e Endres, P. (2010). Meta-análise do retorno líquido de energia para sistemas de energia eólica. *Renewable Energy,* 35(1), p218-225.

Kutucuoglu, K. Y., Hamali, J., Irani, Z., Sharp, J. M. (2001). Um quadro para a gestão da manutenção utilizando o sistema de medição do desempenho. *International Journal of Operational Production Management*, 21(1), p173-194.

Laird, J. (2011). PV's falling costs: in the U.S. *Renewable Energy Focus,* 12(52).

Lenzen, M. e Munksgaard, J. (2002). Energy and CO2 life-cycle analyses of wind turbines-Review and applications. *Renewable Energy*, 26(3), p339-362.

Lenzen, M. e Wachsmann, U. (2004). Turbinas eólicas no Brasil e na Alemanha: Um exemplo de variabilidade geográfica na avaliação do ciclo de vida. *Applied Energy,* 77(2), p119-130.

Lin, Y., Le, T., Liu, H. (2016). Análise de falhas de turbinas eólicas na China. *Journal of Renewable and Sustainable Energy Reviews*, i55, p482490.

Lofsten, H. (2000). Medir o desempenho da manutenção - em busca de um índice de produtividade da manutenção. *International Journal of Production Economics,* 63(1), p47-58.

Lomborg, B. (2012). O sonho de sol da Alemanha. *Project Syndicate.*

Long, H., Wang, L., Zhang, Z., Song, Z., et al. (2015). Monitorização do desempenho da produção de energia de turbinas eólicas baseada em dados.

IEEE Transactions on Industrial Electronics, 62(10), p6627-6635.

Marchenko, O. e Solomin, S. (2014). Eficiência económica das fontes de energia renováveis em sistemas energéticos autónomos na Rússia. *Revista Internacional de Investigação em Energias Renováveis*, 4(3).

Masini, A. e Menichetti, E. (2012). O impacto dos factores comportamentais no processo de tomada de decisão de investimento em energias renováveis: quadro concetual e resultados empíricos. *Política Energética*, v40, p28-38.

Mason, J., Fthenakis, V., Hansen, T., e Kim, H. (2006). Recuperação de energia e emissões de CO2 do ciclo de vida do BOS numa instalação fotovoltaica optimizada de 3,5 MW. *Progress in Photovoltaics: Research and Applications*, 2(179), p190.

Matsuhashi, R. e Ishitani, H. (2000). Avaliação das tecnologias energéticas para a realização de sistemas sustentáveis. *Electrical Engineering in* Japan, 130(2), p775-780.

Meijer, A., Huijbregts, M., Schermer, J., e Reijnders, L. (2003). Avaliação do ciclo de vida dos módulos fotovoltaicos: comparação dos módulos solares mc-si, ingap e ingap/mc-si. *Progress in Photovoltaics: Research and Applications,* 11(4), p275 - 287.

Mejia, F. e Kleissl, J. (2013). Perdas de sujidade para sistemas solares fotovoltaicos na Califórnia. *Solar Energy*, v95, p357-363.

Menke, D. M., Davis, G. A. (1996). Evaluation of Life-Cycle Assessment Tools (Avaliação das ferramentas de avaliação do ciclo de vida). *Strategic Environmental Management.*

Menanteau, P., Finon, D., Lamy, M. L. (2003). Preços versus quantidades: escolhendo políticas para promover o desenvolvimento de energia renovável. *Política Energética*, v31, p799-812.

Mints, P. (2012). Como sobreviver à consolidação pouco saudável da energia solar. *Renewable Energy World.*

Mohr, N., Meijer, A., Huijbregts, M., e Reijnders, L. (2003). Environmental impact of thin-film gainp/gaas and multi-crystalline silicon solar modules produced with solar electricity. *International Journal of Life Cycle Assessment*, 14(225), p235.

Moubray, J. (1997). Manutenção centrada na fiabilidade. *Industrial Press*.

Murphy, D. J., Hall, C. A. S. (2010). Year in review - EROI or energy returned on energy invested. *Ecological Economic Reviews*, v1185, p102-118.

Murthy, D. N., Asgharizadeh, E. (1999). Optimal decision making in a maintenance service operation. *Jornal Europeu de Investigação Operacional*, 116(2), p259-273.

Musial, W., Butterfield, S., McNiff, B. (2007). Improving Wind Turbine Gearbox Reliability (Melhorar a fiabilidade da caixa de velocidades da turbina eólica). *Conferência Europeia sobre Energia Eólica.*

Neubacher, A. (2012). Reavaliando a fé cega da Alemanha no sol. *Spiegel Online*.

Oers, L. V., Guinee, J. (2016). The Abiotic Depletion Potential: Background, Updates, and Future *Creative Commons*.

Pacca, S., Sivaraman, D., e Keoleian, G. (2007). Parâmetros que afectam o desempenho do ciclo de vida das tecnologias e sistemas fotovoltaicos. *Política Energética*, v35.

Pai, K. G. (1997). Maintenance Management. *Maintenance Journal,* p8-12.

Part, C. (2013). Custos de operação e manutenção da tecnologia de geração distribuída de energia. *Laboratório Nacional de Energias Renováveis*.

Pearce, J. (2002). Photovoltaics - a path to sustainable futures (Fotovoltaicos - uma via para um futuro sustentável). *Climate Change,* 34(7).

Peharz, G. e Dimroth, F. (2005). Tempo de retorno de energia do sistema fotovoltaico de alta concentração flat-con. *Progresso em Fotovoltaica: Investigação e Aplicações*, 13(627), p634.

Pehnt, M. (2005). Avaliação dinâmica do ciclo de vida (LCA) de tecnologias de energias renováveis. *Instituto de Investigação Energética e Ambiental de Heidelberg,* 31(55).

Peters, J. M., William, S. L., et al. (1999). A Study of Twelve Southern California

Communities with Differing Levels and Types of Air Pollution (Estudo de Doze Comunidades do Sul da Califórnia com Diferentes Níveis e Tipos de Poluição Atmosférica). *AJRCCM issues,* 159(3).

Price, L. e Kendall, A. (2012). A energia eólica como um estudo de caso. *Journal of Industrial Ecology*, v16.

Raouf, A., Ben-Daya, M. (1995). Gestão total da manutenção: uma abordagem sistemática. *Journal of Quality in Maintenance Engineering*, 1(1), p6-14.

Raugei, M. e Frankle, P. (2009). Impactos e custos do ciclo de vida dos sistemas fotovoltaicos: estado atual da arte e perspectivas futuras. *Energia*, v34, p392-399.

Ribrant, J. e Bertling, L. M. (2007). Survey of failures in wind power systems with focus on Swedish wind power plants during 1997-2005 (Levantamento de falhas em sistemas de energia eólica com foco em usinas eólicas suecas durante 1997-2005). *IEEE Transactions on Energy Conversions*, 22(1), p167-173.

Robert. (2013). Solarmodule: So funktioniert das Recycling. IOP Publishing Haus & CO. https://www.haus.co/magazin/2013/05/28/solarmodule-funktioniert-das-recycling/. Acedido em 24 de maio de 2017.

Rosenbaum, R. K., Bachmann, T. M., Gold, L. S., Huijbregts, M. A. J., et al. (2008). USEtox - o modelo de toxicidade UNEP-SETAC: factores de caraterização recomendados para a toxicidade humana e a ecotoxicidade da água doce na avaliação do impacto do ciclo de vida. *LCIA dos impactes na saúde humana e nos ecossistemas*.

Salimon, J., Salih, N., Yousif, E. (2010). Bio-lubrificantes: Raw materials, chemical modifications and environmental benefits (Matérias-primas, modificações químicas e benefícios ambientais). *Jornal Europeu de Ciência e Tecnologia dos Lípidos,* 112(5), p519-530.

Samanta, B., Sarkar, B., Mukherjee, S. K. (2001). Estratégia de manutenção centrada na fiabilidade para máquinas pesadas de movimentação de terras em minas de carvão. *Industrial Engineering Journal,* 30(5), p15-20.

Sarver, T., Al-Qaraghuli, A., Kazmerski, L. (2013). A Comprehensive Review of the Impact of Dust on the Use of Solar Energy: History, Investigations, Results, Literature, and Mitigation Approaches [Uma revisão abrangente do impacto da poeira no uso da energia solar: história, investigações, resultados, literatura e abordagens de mitigação]. *Renewable & Sustainable Energy Reviews*, v22, p698-733.

Schafer, O. (2011). Perspectivas do mercado global de energia fotovoltaica até 2015. *Associação Europeia da Indústria Fotovoltaica.*

Schonberger, L. (1996). World Class Manufacturing: The Next Decade: Building Power, Strength and Value. *The Free Press.*

Seinfeld, J., Pandis, S. (1998). Atmospheric Chemistry and Physics - From Air Pollution to Climate Change. *John Wiley and Sons.*

Sharma, K., Vikrant. A., Chandel, S. S. (2013). Análise de desempenho e degradação para confiabilidade de longo prazo de energia solar fotovoltaica Sistemas: A Review. *Renewable and Sustainable Energy Reviews*, v27, p753-767.

Sherwani, A., Usmani, J., e Siddhartha, V. (2009). Análise do ciclo de vida da produção de eletricidade com base em energia solar fotovoltaica: uma revisão. *Renewable and Sustainable Energy Reviews*, 14(1), p540-544.

Shirose, K. (1992). TPM for Operators. *Productivity Press.*

Shockley, W. (1999). The Theory of p-n Junctions in Semiconductors and p- n Junction Transistors. *Bell System Technical Journal,* 28(3), p435489.

Short, W., Packey, D. J., Holt, T. (1995). The Economic Evaluation of Energy Efficiency and Renewable Energy Technologies. *National Renewable Energy,* 1320(211).

Short, W., Packey, D. J. (2000). Economic evaluation of energy efficiency and renewable energy technologies - The Manual. *Laboratório Nacional de Energias Renováveis.*

Singh, P. P., Singh, S. (2010). Realistic generation cost of solar photovoltaic electricity. *Renewable Energy*, 35(563).

Sinisa, D., Parlevliet, D., Jennings, P. (2014). Detectable Faults on Recently Installed Solar Modules in Western Australia (Falhas detectáveis em módulos solares recentemente instalados na Austrália Ocidental). *Renewable Energy*, v67, p215-221.

Smestad, G. P. (2002). Optoelectrónica de células solares. *A Sociedade de Engenheiros de Instrumentação Foto-ótica.*

Smith, M. (2016). Os cientistas criaram madeira transparente que é mais forte do que o vidro. *IOPPublishingEngadget-Design.* https://www.engadget.com/2016/05/16/see-through-wood. Acedido em 20th maio de 2017.

Sovacool, B. K. (2009). A intermitência dos geradores de eletricidade eólica, solar e renovável: Barreira técnica ou desculpa retórica? *Utilities Policy,* 17(3-4), p288-296.

Stolzenberger, C. (2015). Custos actuais e prospectivos da produção de eletricidade. *VGB PowerTech,* i7.

Sully, M. (1997). Harnessing Light. *Conselho Nacional de Investigação,* p162.

Swanson, L. (2001). Linking maintenance strategies to performance. *International Journal of Production Economics*, 70(3), p237-244.

Telang, A. D. (1998). Manutenção Preventiva. *Actas da Conferência Nacional sobre Manutenção e Monitorização da Condição,* p160-173.

Timilsina, G. R., Kurdgelashvili, L., Narbel, P. A. (2012). Energia solar: mercados, economia e políticas. *Renewable and Sustainable Energy Reviews*, 16(449).

Timmons, D., Harris, J. M., Roach, B. (2014). A economia das energias renováveis. *Questões Sociais e Ambientais em Economia.*

Tremeac, B. e Meunier, F. (2009). Análise do ciclo de vida de turbinas eólicas de 4,5 MW e 250 W. *Renewable and Sustainable Energy Reviews,* 13(8), p2104-2110.

Tsoutsos, T., Frantzeskaki, N., e Gekas, V. (2005). Impactos ambientais das tecnologias de energia solar. *Política Energética*, 33(289), p296.

Valentino, C. (2014). Como funciona a energia solar. *SolarCraft - especialistas em energia solar.*

Van Bussel, G. J., e Schontag, C. (1996). Aspectos de operação e manutenção de grandes parques eólicos offshore. *Instituto de Energia Eólica.*

Vanzile, D., Otis, I. (1992). Medição e controlo do desempenho das máquinas. *Handbook oflndustrial Engineering.*

Varun, R., Bhat, I., e Prakash, R. (2009). LCA de energias renováveis para sistemas de produção de eletricidade - uma revisão. *Renewable & Sustainable Energy Reviews,* 13(5), p1067-1073.

Veltkamp, A. e de Wild-Scholten, M. (2006). Células solares sensibilizadas por corantes para energia fotovoltaica em grande escala; determinação do desempenho ambiental. In Proceedings of the Renewable Energy Conference, Chiba, Japão.

Venkatasubramanian, V., Rengaswamy, R., Kavuri, S. N., Yin, K. (2003a). A review of process fault detection and diagnosis - Part I. *Computer & Chemical Engineering,* 27(3), p293-311.

Venkatasubramanian, V., Rengaswamy, R., Kavuri, S. N., Yin, K. (2003b). A review of process fault detection and diagnosis - Part II. *Computer & Chemical Engineering,* 27(3), p313-326.

Venkatasubramanian, V., Rengaswamy, R., Kavuri, S. N., Yin, K. (2003c). A review of process fault detection and diagnosis - Part III. *Computer & Chemical Engineering*, 27(3), p327-346.

Verbruggen, T., Wiggelinkhuizen, E., Braam, H., et al. (2008). Assessment of Condition Monitoring Techniques for Offshore Wind Farms (Avaliação de Técnicas de Monitorização de Condições para Parques Eólicos Offshore). *Journal of Solar Engineering*, 130(31004).

Viebahn, P., Nitsch, J., Fischedick, M., Esken, A., Schi'iwer, D., Supersberger, N., /uberbuhler, U., Edenhofer, O. (2007). Comparação da captura e armazenamento de carbono com as tecnologias de energias renováveis no que respeita aos aspectos estruturais, económicos e ecológicos na Alemanha. *International Journal of Greenhouse Gas Control,* 7(5836).

Vieira, R. e Sanz-Bobi, M. (2014). Métodos de Monitorização da Condição e Manutenção em Turbinas Eólicas. *Energia Verde e Tecnologias*.

Wakaru, Y. (1988). TPM para cada operador. *Productivity Press*.

Walford, C. A. (2006). Wind Turbine Reliability (Fiabilidade das turbinas eólicas): Understanding and Minimizing Wind Turbine Operation and Maintenance Costs (Compreender e minimizar os custos de operação e manutenção de turbinas eólicas). *Global Energy Concepts*.

Wang, K. (2013). Avaliação da aplicação fotovoltaica num edifício residencial em Gavle, Suécia. *Sistemas de energia*.

Weidema, B., Frees, N., et al. (1999). Tecnologias de produção marginal para inventários de ciclo de vida. *International Journal Life Cycle Assess*, 4(1), p48-56.

Wilkinson, M., Spinato, F., Tavner, P. J. (2007). Monitorização do estado de geradores e outros subconjuntos em unidades de tração de turbinas eólicas. *Simpósio internacional do IEEE sobre diagnóstico de máquinas eléctricas, eletrónica de potência e accionamentos*, p388-392.

Williams, A. S. (2009). Análise do ciclo de vida: A Step by Step Approach. *Série de Relatórios Técnicos*.

Wireman, T. (1990). Total Productive Maintenance - An American Approach (Manutenção Produtiva Total - Uma Abordagem Americana). *Industrial Press Incorporation*.

Wiser, R. e Pickle, S. (1998). Financing investments in renewable energy: the impact of policy design (Financiamento de investimentos em energias renováveis: o impacto da conceção de políticas). *Renewable and Sustainable Energy Reviews*, p361-386.

Associação Mundial de Energia Eólica. (2014). Relatório semestral.

Yang, C. J. (2010). Reconsidering solar grid parity. *Política Energética,*

38(3270).

Yang, W., Lang, Z., Tian, W. (2015). Monitoramento de condições e localização de danos de pás de turbinas eólicas por análise de transmissibilidade de resposta em frequência. *IEEE Transactions on Industrial Electronics*, 62(10), p65586564.

Yong-Shen, K., Nobre, A., Malhotra, R., et al. (2014). Orientação óptima e ângulo de inclinação para maximizar a irradiação solar no plano para aplicações fotovoltaicas em Singapura. *IEEE Journal of Photovoltaics*, 4(2), p647653.

Zaher, A., McArthur, S. D., et al. (2009). Deteção online de falhas em turbinas eólicas através da análise automatizada de dados SCADA. *Wind Energy*.

Zukerman, C. (2007). Alternativas ao vidro. *Green Solutions*.

نبذة مختصرة

ان كمية الطاقة التي يستهلكها العالم تتزايد كل يوم بشكل كبير نتيجة لارتفاع مستويات المعيشة والزيادة السكانية بشكل كبير. العالم محدود أيضا بالوقود الأحفوري وموارد النفط ونتيجة لذلك أصبحت الحاجة لمصادر الطاقة المتجددة أكثر إلحاحا. الطاقة الشمسية وطاقة الرياح اصبحا اثنين من اهم المصادر الرئيسية لاستبدال الوقود الأحفوري. لذلك انه في غاية الأهمية ان يكون هناك أساس للمقارنة لمساعدة المستثمرين وأصحاب المصالح في اتخاذ القرار الصائب بشأن اختيار النظام الذي هو اكثر ملاءمة للظروف الحالية. يتم مقارنة نظام الطاقة الشمسية الكهروضوئية ونظام توربينات الرياح في التفاصيل من حيث الأثر على البيئة خلال دورة حياتهما باستخدام النهج التعاوني الذي يدرس كل المواد المستخدمة في الأنظمة وتأثيرها على البيئة. والمثير للدهشة ان أنظمة الطاقة المتجددة قد يكون لها تأثير سلبي على البيئة مثل نظام توربينات الرياح التي تمت مناقشتها في هذا المشروع. يناقش أيضا في هذا المشروع استراتيجيات التشغيل والصيانة للنظامين واقتراح خطة صيانة لهما سوف يساعد على الوقاية من الأخطاء والاعطال والاضرار. وأخيرا تم تقييم ودراسة الكفاءة الاقتصادية لكل نظام وتبين ان نظام توربينات الرياح هو الأكثر من حيث رأس المال والصيانة ولكن الربح العائد من الاستثمار كان اكبر من نظام الطاقة الشمسية. وقد اثبت المشروع ان نظام الطاقة الشمسية هو الأنسب فى البلاد التى تحتوى على درجة عالية من التلوث والاقتصاد الغير مستقر لقلة تكاليفه وهو الأكثر ملاءمة للبيئة.

Printed by Books on Demand GmbH, Norderstedt / Germany